菜园里的门道
农田小菜园蔬菜种植技术简编

魏 民 马宾生 王德槟 编

U0349661

中国农业科学技术出版社

图书在版编目（CIP）数据

菜园里的门道：农田小菜园蔬菜种植技术简编/魏民，马宾生，王德槟编．-- 北京：中国农业科学技术出版社，2014.10
ISBN 978-7-5116-1834-4

Ⅰ．①菜…　Ⅱ．①魏…②马…③王…　Ⅲ．①蔬菜园艺
Ⅳ．①S63

中国版本图书馆 CIP 数据核字（2014）第 229300 号

责任编辑　于建慧　张孝安
责任校对　贾晓红

出 版 者　中国农业科学技术出版社
　　　　　北京市中关村南大街 12 号　邮编：100081
电　　话　（010）82109194（编辑室）（010）82109704（发行部）
　　　　　（010）82109703（读者服务部）
传　　真　（010）82109708
网　　址　http://www.castp.cn
经 销 者　各地新华书店
印 刷 者　北京富泰印刷有限责任公司
开　　本　889mm×1 194mm　1/32
印　　张　5.5
字　　数　161 千字
版　　次　2014 年 10 月第 1 版　2020 年 10 月第 4 次印刷
定　　价　26.80 元

序 言

20世纪80年代初，笔者曾写过一本《家庭菜园》，在那普通老百姓日常生活并不富裕的时代，意在提倡利用小片农田或房前屋后空地，发展家庭菜园，产品供自食或送到城乡农贸市场出售，以充实副食品、改善生活、增加收入。未承想，其时恰遇神州大地劲吹改革开放的春风，农业生产正从计划经济体制向市场经济过渡，各地不同形式的蔬菜园区及生产基地争相建立，使蔬菜生产得到了飞跃的发展，《家庭菜园》小册子生逢其时，几年间也走红农田园地，一本薄薄的13万字小册子出版后不久就先后印刷了11次，累计发行约60万册。乾坤旋转，日月如梭，30年以后的今天，时空变迁，人间旧貌换新颜。随着我国经济、社会的迅速发展，人民生活水平的不断提高，城市持续扩张，水泥高楼林立、处处人满为患、道路交通拥塞，活动空间逼仄，日日喧嚣纷繁，加之快节奏的生活令人神经紧张，人们终于彻悟，切望重新回归自然，享受田园生活。一些白领人士向往与青山绿水为伴，在农村租赁农田，自办"农田小菜园"；普通百姓则期盼能吃到自己种的没有污染的清洁蔬菜，更想带领全家老少在节假日去田园休闲、到农家兴办的"体验农场小菜园"种植蔬菜，学习农活，锻炼体魄、怡情养性；有条件人们还在自己的房前宅后、阳台屋顶建立起"家庭小菜园"。于是每临春、秋蔬菜播种季节，笔者所在的中国农业科学院大院内的蔬菜种子商店生意十分红火、顾客盈门，或为选购适种的蔬菜种类品种向售货员不断探问，或为蔬菜种植技术进行详尽的咨询，本不宽敞的店堂，更显熙熙攘攘、热闹非凡。笔者因职业习惯，癖好有事没事信步前去蔬菜种子商店游逛，每每面临此情此景，精神便会亢奋，常常情不自禁地管不住嘴巴，不经意间说了几句在行话，接着便被求知若渴的顾客渐渐围住，各种蔬菜种植技术问题纷至沓来，于是嘴巴忙得益发不可收拾，最后不免成了一名没来由的义务咨询员。如此几番下来，笔者便萌生了想重新写一本专门面向普通老百姓蔬菜种植爱好者和农田小菜园经营者的小册子，以普及兴建小菜园的基础知识以及农田蔬菜的种植技术。这一想法便成了笔者组织编写《菜园里的门道——农田小菜园蔬菜种植技术简编》这本小册子最朴实的原始动机。为此在本书编写过程中，编者力求用通俗易懂，简明扼要的文字，以具体、实用的传统经验与现代技术密切结合为准绳，尽量全面地来阐述：建立农田小菜园所必备的基础条件及所需的生产资料；蔬菜作物的基本特点、种类以及对种植环境条件的要求；蔬菜种植全过程主要技术作业及操作要领；各种蔬菜露地种植技术要点以及注意事项。编者叙述的重点是农田里的菜园，期望通过这本小册子能为"农田小菜园"和"体验式农场"经营者在蔬菜种植技术方面起到答疑解惑的作用，更希冀能以此帮助初涉蔬菜种植的爱好者有效地打开农田蔬菜种植技术的大门。

本小册子的编者都是长期从事蔬菜栽培研究和农场蔬菜生产管理实践的资深人员，他们以亲身的实际体验认为：一个优秀的蔬菜种植者应首先掌握最基本的露地种植技术，在此基础上就不难进一步掌握保护地种植等其他更为复杂的技术。因此，本小册子未涉及保护地种植技术，也未包含芽苗菜和食用菌等种植技术。另外，需要说明的一点是：种植技术与种植条件的变化关系密切，有些技术数据在不同品种、不同季节、不同种植条件下就会有很大的差异，因此，本小册子所提供的某些数据如播种量、株行距、产量等也只能作为一个大致的参考，书中所述蔬菜种植技术作业及操作要领和各种蔬菜种植技术要点，尤其是播种期、定植期和采收期应用时则应根据当地气候、土壤等种植条件与华北地区的差异进行恰当调整，希望读者能予以注意和重视。

中国农业科学院蔬菜花卉研究所研究员

王德槟

2014 年 1 月 24 日

目 录

第一章

建立农田小菜园的基本条件

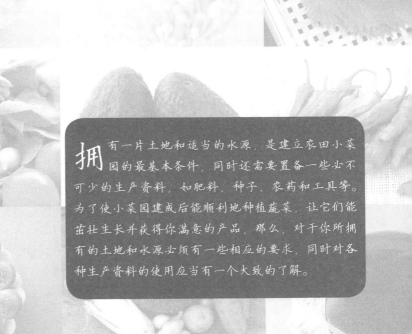

拥有一片土地和适当的水源，是建立农田小菜园的最基本条件，同时还需要置备一些必不可少的生产资料，如肥料、种子、农药和工具等。为了使小菜园建成后能顺利地种植蔬菜，让它们能茁壮生长并获得你满意的产品，那么，对于你所拥有的土地和水源必须有一些相应的要求，同时对各种生产资料的使用应当有一个大致的了解。

1/土地 "旱能浇，涝能排""根深才能叶茂"

对于你准备建立农田小菜园的土地，不管它面积有多大，它们都应当尽量达到下列的要求。

地面平整

蔬菜需水量大，要种菜就得浇水，正如俗话所说："水菜、水菜，不浇水哪儿能得菜"。但蔬菜也很怕长时间积水。因此，小菜园的地势应基本平坦，尽量减少土坡、土包及土坑、洼沟。只有这样菜地才能畅通地浇水，顺当地排涝，才能及时做到"旱能浇，涝能排"。

土层深厚

"根深才能叶茂"。要使蔬菜扎好根，土壤的耕作层一般应达到一铁锹的深度（约25cm以上）。若土层过薄，可以加"客土"，即从别的地方取土垫厚土层。

取土时应取干净的土壤，例如，从种大田作物的农田中或撂荒地中取土，不要从老菜园取土，因为老菜园土壤中含有大量能使蔬菜得病、生虫的病原菌和虫卵，容易通过垫土再次传给小菜园。

肥沃疏松

蔬菜依靠根系从土壤中吸取营养和水分进行生长，因此，要求土壤肥沃，富含氮、磷、钾等矿质营养元素；具有适合根系生长的良好土壤环境，富含有机质，土质较疏松，沙黏适当，下雨或浇水后土面板结程度较轻，具有较强的保水、保肥能力以及良好的排水、通气和供肥能力。总体来说，适宜蔬菜种植的土壤以壤土、沙壤土或黏壤土为好。

土质过沙、过黏或肥力贫瘠的土壤可采取多施有机肥、掺草炭、掺沙子等措施逐步加以改良。

酸碱（pH值）适中

大多数蔬菜作物适宜在弱酸性和中性的土壤上种植，只有少数比较耐碱；所以pH值在6.5~7.5的范围内的土壤一般蔬菜都能正常生长（华北地区土壤pH值通常稍大于7）。土壤过酸或过碱都会影响蔬菜的生长发育。

土壤酸碱可用石蕊试纸或 pH 试纸测定，如土壤太酸，可撒石灰粉或草木灰矫正，如果过碱可撒天然硫黄矿粉来调整，一般有机质如粪便、木屑、落叶等腐烂后产生酸。

干净清洁

为获得优质的蔬菜产品，对小菜园土壤中含有妨碍蔬菜生长的碎砖、瓦块、石子、废残塑料膜块等杂物，必须予以清除。

如若杂物较多，尤其是面积较小的菜园，也可以用粗筛将耕作层的土壤全面过筛一遍。

更重要的是土壤必须清洁无污染，不受工业废水、废气、废渣和城市污水、垃圾、废物的污染，并远离污染源。

农田小菜园不论规模大小，土壤质量指标都应符合《国家土壤环境质量标准》中对蔬菜地的要求（详见表《国家土壤环境质量标准》中土壤环境质量标准值，表1）。这是为获取清洁无污染的蔬菜产品，不违背建立小菜园初衷的最重要的条件之一。

表 1　土壤环境质量标准值　　　　　　　　　　　　　　　　　mg/kg

项目	级别 土壤pH值	一级 自然背景	二级 <6.5	二级 6.5~7.5	二级 >7.5	三级 >6.5
镉	≤	0.20	0.30	0.30	0.60	1.0
汞	≤	0.15	0.30	0.50	1.0	1.5
砷 水田	≤	15	30	25	20	30
砷 旱地	≤	15	40	30	25	40
铜 农田等	≤	35	50	100	100	400
铜 果园	≤	—	150	200	200	400
铅	≤	35	250	300	350	500
铬 水田	≤	90	250	300	350	400
铬 旱地	≤	90	150	200	250	300
锌	≤	100	200	250	300	500
镍	≤	40	40	50	60	200
六六六	≤	0.05		0.50		1.0
滴滴涕	≤	0.05		0.50		1.0

注：①重金属（铬主要是三价）和砷均按元素计，适用于阳离子交换量 >5cmol（＋）/kg 的土壤，若 ≤ 5cmol（＋）/kg，其标准值为表内数值的半数；

②六六六为 4 种异构体总量，滴滴涕为 4 种衍生物总量；

③水旱轮作地的土壤环境质量标准，砷采用水田值，铬采用旱地值。

2 水源 "有收无收在于水"

种植蔬菜必须经常进行灌溉，用水量较大，因此小菜园最好要有自己独立的水源。

水源选择

一般可选择自来水、井水、河水，也可用中水。中水是指城市污水经无害化处理后，达到农田灌溉水指标要求，可用于农田灌溉的再生水。

若水源供水较紧张，也可设置储水罐，先行蓄水，再以预储水浇地。

水质要求

少用雨水、死水（缺氧），尤其在高温闷湿夏季。灌溉用水必须清洁、无污染（见表 2）。

表 2 农田灌溉用水水质基本控制项目标准值

序号	项目类别		作物种类		
			水作	旱作	蔬菜
1	五日生化需氧量（mg/L）	≤	60	100	40[a]，15[b]
2	化学需氧量（mg/L）	≤	150	200	100[a]，60[b]
3	悬浮物（mg/L）	≤	80	100	60[a]，15[b]
4	阴离子表面活性剂（mg/L）	≤	5	8	5
5	水温 /℃	≤	35		
6	pH 值		5.5~8.5		
7	全盐量（mg/L）	≤	1 000[c]（非盐碱土地区），2 000[c]（盐碱土地区）		
8	氯化物（mg/L）	≤	350		
9	硫化物（mg/L）	≤	1		
10	总汞（mg/L）	≤	0.001		
11	镉（mg/L）	≤	0.01		
12	总砷（mg/L）	≤	0.05	0.1	0.05
13	铬（六价）（mg/L）	≤	0.1		
14	铅（mg/L）	≤	0.2		
15	粪大肠菌群数（个 /100 mL）	≤	4 000	4 000	2 000[a]，1 000[b]
16	蛔虫卵数（个 /L）	≤	2		2[a]，1[b]

注：a 加工、烹调及去皮蔬菜；　　b 生食类蔬菜、瓜类和草本水果；
　　c 具有一定的水利灌排设施，能保证一定的排水和地下水径流条件的地区，或有一定淡水资源能满足冲洗土体中盐分的地区，农田灌溉水质全盐量指标可以适当放宽。

3 / 肥料

"庄稼一枝花，全靠肥当家。""粪是农家宝，庄稼离它长不好。"

要想种好小菜园，肥料是必不可少的。肥料不但能满足蔬菜作物生长发育过程中所必需的氮、磷、钾、钙等养分，提高产量、改善品质，而且可以提高土壤的肥力，改良土壤结构和理化性状；使土壤变得越来越肥沃，土壤的通透性、保水、保肥能力得到进一步改善和提高。

为此，在建立小菜园时就应当了解肥料有哪些种类，各有什么特点，怎样选择适合的肥料，以便你能合理地进行施肥。

肥料的选择

肥料种类很多，但并不是生产上都必须使用的，应按具体生产条件的不同、根据实际需要自制或选购适用方便、价格便宜的肥料。有条件的可以收集或购买牲畜、家禽粪便，草秸、树叶等有机物料，再经堆沤发酵腐熟，自制成

农家肥。也可收集厨余垃圾泡在密闭的桶缸或钵中，经发酵腐熟后再兑水施用，但往往因臭味太重而不便使用。当然，最便捷的是直接购置商品有机肥如生物有机肥脱臭鸡粪等。要种好小菜园蔬菜，获得优质产品，就一定要多施有机肥。另外，也应该选购一些最常用的化肥，如硫酸铵、尿素或三元复合肥。必要时也可置备些过磷酸钙、磷酸二铵、硫酸钾、磷酸二氢钾或硼砂等，以便有针对性地用于底肥（补充土壤钙、钾）或进行根外追肥（叶面喷肥）等。配合有机肥的应用，适当使用化肥，不会就此降低蔬菜的品质。

肥料按照形态的不同可以分为有机肥、化肥（矿质肥）、生物肥三大类，其用途和特点如下。

有机肥

畜禽粪尿、动植物残体等有机物料经堆沤、发酵腐熟后形成的肥料，俗称农家肥。

有机肥来源于自然，属于自然肥料，一般又可分为：

粪尿肥包括人粪尿、家畜粪尿及厩肥、禽鸟粪等；

堆沤肥：草秸、泥肥（塘泥、沟泥）、栽蘑菇料、沼肥等；

绿肥：包括各种可栽培利用的绿色植物，如苜蓿等；

杂肥：如泥炭及腐植酸类肥料、饼肥等。

随着科学的进步，社会经济的发展，现在农业生产上使用的有机肥有的已开始进行工业化、商品化生产。即通过大量回收养殖场畜禽粪，经过工业加工流程，添加发酵菌液，进行快速发酵腐熟而制成的商品有机肥，目前，各地市场及淘宝网上均有销售。

有机肥的特点　营养元素全面，但养分含量低，肥效缓慢，持续时间长；有机质含量高，有益微生物含量也高，有利于土壤改良。有机肥多用作基肥（底肥），较少用于追肥。

化肥

化肥是利用化学方法通过工业化生产途径制成的具有无机营养元素，能满足作物生长和发育所需要的肥料，也称矿质肥。按照肥料中所含营养元素的不同，又可分为氮肥、磷肥、钾肥、复合肥、微量元素肥五类。

氮肥：氮肥含有作物生长发育所需的氮素肥料，包括：

铵态氮肥
硫酸铵、氯化铵、碳酸氢铵、氨水和液体氨

硝态氮肥
硝酸纳、硝酸钙

铵态硝态氮肥
硝酸铵、硝酸铵钙和硫硝酸铵

酰胺态氮肥
尿素、氰氨化钙（石灰氮）

长效氮肥
尿素甲醛、异丁烯叉二脲、硫衣尿素

磷肥：磷肥含有作物生长发育所需的磷素肥料，包括：

水溶性磷肥
普通过磷酸钙、重过磷酸
钙和磷酸铵（磷酸一铵、
磷酸二铵）

混溶性磷肥
硝酸磷肥

拘溶性磷肥
钙镁磷肥、磷酸氢钙、
沉淀磷肥和钢渣磷肥等

难溶性磷肥
磷矿粉、骨粉等

钾肥：钾肥含有作物生长发育所需的钾素肥料，常用的有硫酸钾、氯化钾、草木灰等。

复合肥是指同时含有氮（N）、磷（P）、钾（K）等主要营养元素中两种或两种以上元素的化肥。含两种主要营养元素的叫二元复合肥，含三种主要营养元素的叫三元复合肥。

微量元素肥主要指含有铁（Fe），锰（Mn），铜（Cu），锌（Zn），硼（B），钼（Mo）等作物需要量不大的矿质元素肥料，常用的微量元素肥又可分为：

单质微量元素肥：指含有单一微量元素的肥料。

常见的有硼肥，如硼酸、硼砂；铜肥，如硫酸铜；锌肥，如硫酸锌、氯化锌；钼肥，如钼酸铵、钼酸钠；锰肥，如硫酸锰、氯化锰等。

多元微量元素肥：指含有两种以上微量元素的肥料。

化肥的特点　营养元素单一，但养分含量高，肥效迅速，持续时间短；不含有机质和微生物。长期、单一使用化肥，将导致土壤退化。化肥多作追肥，也可用于基肥，有的还可用于根外追肥（叶面追肥）。小菜园一般以氮素化肥和复合化肥最为适用，其他化肥及微量元素肥较少使用。

生物肥

生物有机肥是指具有特定功能的微生物与经过无害化处理、腐熟的有机物料（如畜禽粪便、农作物秸秆等）复合而成的一类兼具生物肥和有机肥效应的肥料，又称菌肥。

即能改善作物根系营养环境、促进作物生长，通过菌种培养进行工业化生产的活性微生物制剂，常用的菌肥有：菌根菌肥、根瘤菌肥、自生固氮菌肥、磷细菌肥、钾细菌肥、抗生菌肥、复合菌肥等。

生物肥的特点　菌肥是间接性肥料，它本身一般不含作物需要的营养元素，而是通过微生物的生命活动起到作用。菌肥一般多作基肥使用。

常用肥料

为了能大致识别小菜园的几种常用肥料，并对它们有一个具体的了解，现将它们的特性简介如下。

商品有机肥 主要原料为发酵鸡粪，为黑色不规则颗粒状或粉末状，有机质含量 ≥ 45%，氮、磷、钾总养分含量 ≥ 5%，酸碱度（pH）5.5~8.5。

生物有机肥 主要原料为发酵生物菌剂和鸡粪，为黑色不规则颗粒状或粉末状，有机质含量 ≥ 40%，有效活菌数 ≥ 0.2亿个/g，酸碱度（pH）5.5~8.5。

当商品有机肥采用生物菌剂发酵，有效活菌数 ≥ 0.2亿个/g时，也称为生物有机肥。

硫酸铵 为白色结晶细粒或粉末。含氮20%~21%，速效，生理酸性。多用作追肥，施后应进行浇水。也可用作种肥和底肥。

尿素 白色透明小米粒状或针状、梭状结晶。含氮46%左右，肥效稍迟，生理中性。多用于追肥，施后一般应浇水，施肥量应比硫酸铵减少一半。也可用作种肥和底肥。

三元复合肥 小菜园常用的硫酸钾型45%（15：15：15）氮磷钾三元复合肥，为灰白色不规则小圆颗粒。含氮、磷、钾各15%，总含量45%。速效或稍迟。多用作底肥或追肥。

磷酸二铵 是以磷为主的氮、磷二元复合肥。灰白色或黄白色小米粒状颗粒，含氮16%~18%，含磷46%~48%，总含量64%。速效，多用作底肥或追肥。

过磷酸钙 灰白色或灰黑色粉末。含磷18%左右，速效，生理酸性。主要用作底肥，也可用于叶面喷肥，浓度一般为0.2%。

硫酸钾 白色或灰白色细小结晶。含钾48%~52%，速效，生理酸性。多用作底肥或追肥。

磷酸二氢钾 高浓度磷、钾复合肥，白色结晶，含磷52%，含钾34%，易溶于水，酸性反应。肥效高，最适宜作叶面喷肥或浸种用，叶面喷肥用0.1%~0.3%浓度，浸种用0.2%。

各种冲施肥 冲施肥并非特指某一类肥料，所有在灌溉时随水冲到田间的肥料都可以叫冲施肥。

冲施肥使用简便，肥效迅速。

目前，市场上的冲施肥产品主要有液体桶装和粉末袋装、颗粒袋装三种。根据其化学性状及营养成分可大体分为四大类型：一是有机类型，如氨基酸型、腐殖酸海洋生物型等；二是无机类型，如磷酸二氢钾型、高钙高钾型等；三是微生物类型，如酵素菌型等；四是复合型，将有机、无机、生物等原材料科学地加工、复配在一起而生产的新型冲施肥。

4 种子

"好种出好苗，好葫芦锯好瓢""种地选好种，一垄顶两垄"

种子也是小菜园重要的生产资料。为准备小菜园适用的蔬菜种子，你必须对种子的特性和怎样置备蔬菜种子有一个大致的了解。

种子置备

置备农田小菜园需用的蔬菜种子，最好去蔬菜科研单位或信誉较好的种子商店购买。应尽量选购具有外包装的种子，散装的种子往往不易获得质量保障。具有外包装的商品种子，一般均标明品牌、制种单位或监制单位，并标明种子质量的各项指标以及栽培要点，其种子质量较有保障。

当你要选购大葱、韭菜、洋葱或香椿种子时，你一定不要忘记向店家询问是否陈年种子，以表明你也懂行，避免误购无发芽率的"哑巴籽"。种子采购后如不能立即播种，应将种子置于避光、干燥、低温处密封保存。

是否可以自己留种？

这要看你是否具备自己采种的条件。一般来说最好自己不留种。一是因为随着农业科学的发展，目前生产上所使用的高产优质蔬菜种子如番茄、黄瓜、茄子、辣椒等，几乎都是一代杂种（F_1），它们是用父母本杂交而成的，一代杂种只能用一代（一次），你若自己从杂种一代采种，第二代后植株就分离成五花八门也就不成其为品种了。二是因为不同蔬菜采种各有一套相应的技术要求，每年要进行严格的种性选择，否则就会导致种性退化；另外，异花授粉作物为保证品种纯正、避免不同品种间串花杂交，还需要保持一定距离的空间隔离，一般小菜园也很难掌握或切实执行，自己采种会遇到很多难于克服的困难，不如不采。

若想要自己体会一下留种的乐趣，则可选择自花授粉作物如菜豆、豇豆、扁豆、豌豆等豆类蔬菜以及莴笋、生菜等自己留种。前者只需在生长期间选择生长正常、有该品种特性的豆荚予以保留直至成熟采摘，后者则需选择生长良好、具有该品种特性的种株，并加以保留直至其开花结荚、种荚成熟。

种子含义

在农业上凡是可以作为播种材料的器官，均可称为种子主要分为四大类。

第一类是真种子（植物学意义上的种子）：由胚珠发育而来。如豆类、瓜类、茄果类、白菜类等蔬菜的种子。

第二类是果实：由胚珠和子房共同发育而来（植物学意义上的果实）。如菊科（莴苣、茼蒿）、伞形花科（芹菜、香菜）、黎科（菠菜、恭菜）等蔬菜的种子。

第三类是营养器官：用于无性繁殖的材料。如块茎（马铃薯、山药、菊芋等）、球茎（芋、荸荠）、鳞茎（大蒜、洋葱）、根状茎（藕、姜）以及用于扦插的茎段（番茄、枸杞）等。

第四类是菌丝体：主要指食用菌类，如蘑菇、草菇、木耳等。

在实际生产上使用最多的是真种子和果实，其次是块茎、鳞茎、球茎和根状茎，再次是茎段扦插。

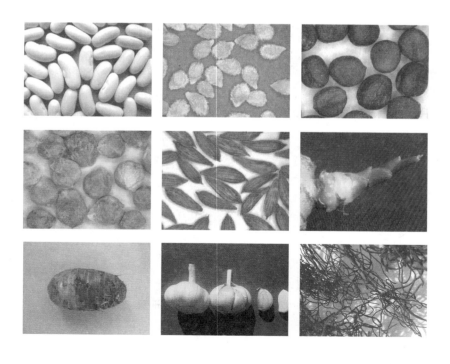

种子形态

种子形态是辨别、判定种子种类、品种，鉴定种子质量的重要依据。

种子的形态包括：外形、大小、色泽、表面特点等。

种子外形　种子的外形各式各样，千姿百态。有圆形、椭圆形、肾形、弯月形、正方形、长方形、橄榄形、卵形、心形、披针形、针形、三角形、不规则型等。

种子大小　种子的大小以千粒重表示。

大粒种子：千粒重＞ 100g，如瓜类（除黄瓜、甜瓜）、豆类蔬菜等；

中粒种子：千粒重 10~100g，如黄瓜、甜瓜、萝卜、菠菜等；

小粒种子：千粒重＜ 10g，如白菜类、茄果类、葱蒜类蔬菜以及芹菜、莴苣等。

种子色泽　种子颜色多种多样，千变万化，色调十分丰富。基本色调有红、橙、黄、绿、青、蓝、紫、黑、白、灰、褐、棕等单色及杂色（含有两种以上的颜色），其中又以主色调为黑色和褐色居多。

表面特点　包括种子表面的光洁度以及种子表面所具有的沟、棱、毛、刺、网纹、突起、蜡质等。

种子结构

种子一般由种皮和胚组成，有的还有胚乳。

种皮　种皮是种子（豆类、瓜类、茄果类蔬菜等）的保护组织，由珠被发育而来；果实的种皮（果皮）由子房壁发育而来如菠菜、芹菜等；或由果皮、种皮混生在一起构成，如莴苣等。种皮上有与胎座相连的珠柄的断痕，称为种脐，种脐的一端有一小孔，称为珠孔，种子发芽时胚根即从珠孔伸出，故又称发芽孔。

胚　胚是一个新植株的幼体，处在种子中心，由子叶、胚芽、胚轴、胚根组成。

胚乳　胚乳是种子内储藏营养物质的组织。不是所有种子都有胚乳，根据胚乳的有无，又可将种子分为有胚乳种子和无胚乳种子两类。

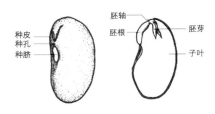

种子寿命

种子寿命是指种子保持发芽能力的年数。

影响种子寿命的主要因素有种子的遗传特性、贮存条件（温度、湿度、气体含量）、种子收获成熟度、种子繁育时的环境条件等。

不同蔬菜种子的寿命长短不一，可供参考的发芽年限为：

黄瓜、茴香、花叶生菜、豌豆	2~3 年
西葫芦	4 年
南瓜	3~5 年
丝瓜、茄子、辣椒	1~2 年
瓠瓜、甘蓝、芹菜	2 年
菜花、番茄、莴笋、芥菜、萝卜、胡萝卜、芜菁	3 年
白菜	3~4 年
菜豆、菠菜	2~4 年
豇豆	3~6 年
苤菜	4~6 年

在常温条件下储存蔬菜种子，其寿命一般仅能保持 2~3 年（在干燥、低温条件下除外）。应引起特别注意的是葱、洋葱、韭菜、香椿、冬瓜等蔬菜，其种子的发芽年限仅为一年。

种子质量

衡量种子质量的常用指标有：

发芽率　发芽率越高，在正常播种条件下种子出苗率也高。

质量指标： 执行标准：GB 16715.4—1999；GB 20464-2006

纯度	净度	发芽率	水分	检验员
96.0%	98.0%	85%	7.0%	京种检字第 077 号 合 格

$$发芽率（\%）= 发芽种子粒数 / 供试种子粒数 \times 100$$

发芽势　规定时间内的种子发芽率，称为发芽势。反映了种子的发芽速度和整齐度，可衡量种子生活力的强弱。发芽势越强，种子的生活力越强。

净度　净度越高，种子越干净。

$$净度（\%）=（供试种子样本总重—杂质重）/ 供试种子样本总重 \times 100$$

纯度　纯度越高，表示品种杂株越少，一致性程度越高。

$$纯度（\%）=（供试种子样本总重—杂质重—杂种子重）/（供试种子样本总重—杂质重）\times 100$$

饱满度　饱满度以千粒重（绝对重量）表示，可反映种子繁育工作的优劣。饱满度高低将影响种子的发芽率和生活力。

种子活力检测　可采用 0.25% 的 TTC（红四氮唑）染色，染色后活种子胚根、胚芽着色，死种子不着色。也可采用 0.2% 胭脂红染色，活种子细胞原生质不着色，死种子着色。以上两种方法可即时辨别死种子和活种子。

5 农药

农药是指用于预防、消灭或控制危及农业、林业，引发病、虫、草害的有害生物以及有目的地调节植物、昆虫生长的化学药品，或来源于生物、其他天然物质的一种或几种物质混合物及其制剂（表3）。

对蔬菜生产来说，农药同样是一种重要的生产资料。提起农药，常常让人想起"毒豇豆""毒韭菜""毒生姜"等事件，这些毒菜事件屡见报道，不断刺激着人们的神经，让人"谈药色变"，陡增恐惧心理。

其实这些有毒蔬菜大多是违规使用高毒、高残留农药或不遵守农药使用规范所造成的。

在蔬菜农药使用上，只要严格执行国家农药管理条例，使用高效、低毒、低残留农药，拒用高毒、高残留农药，用药过程做到科学、合理、安全，并准确掌握采收安全间隔期，那我们就能获得"放心菜"。当然尽量采用栽培防治、物理防治、生物防治、少用或不用农药，那是一种最理想的选择。为此我们必须对农药及其科学使用方法有一个大致的了解。

购买农药注意事项

在购买农药时应注意查看农药标签，一定要关注以下事项。

产品名称 无论国产农药还是进口农药，其产品名称除批准的中文商品名外，还必须标有有效成分、中文通用名称及含量和剂型。

三证号码 国产农药必须有国家农药检定所颁发的农药登记证号，化工部颁发的准产证号，企业质检部门签发的合格证号。但进口农药只有农药登记证号。

类别标志 看清农药标签下方表明不同农药类别的一条与底边平行、不褪色的标志。如杀菌剂—黑色、杀虫剂—红色、除草剂—绿色，杀鼠剂—蓝色、植物生长调节剂—深黄色。

净重量 通常以kg（千克）、L（升）、g（克）、ml（毫升）表示。

毒性与易燃 注意农药标签上以红字明显表明的该产品的毒性以及易燃标志。

使用说明 仔细阅读使用说明，了解适用范围、防治对象、适用时期、用药量和方法以及限制使用范围等。

有效期限 查看生产日期及批号。即从生产日期算起，一般有效期为两年。

注意事项 了解该产品注明的中毒症状和急救措施，安全间隔期以及储存、运输等特殊要求。

生产单位 查看生产企业名称、地址，电话，传真、邮编等。

当您在查看农药标签后，以上各项中如发现缺少两项，甚至一项，您则应询问经销商，作进一步了解。如发现三证号码不全，或没有注明生产日期或确认是已过期的农药，则应放弃购买。

表3　农药种类

杀菌剂	用来防治病害的药剂。主要作用是保护农作物不受侵害，抑制病菌生长，消灭入侵的病菌。大多数杀菌剂主要起保护作用，以预防病害的发生和传播。 如百菌清、多菌灵、代森锰锌、福美双、井岗霉素等。
杀虫剂	用来防治害虫的药剂。主要通过胃毒、触杀、熏蒸和内吸4种方式起到杀死害虫作用。 如毒死蜱、氯氰菊酯。
杀螨剂	用于防治有害螨类的药剂。 如克螨特、石硫合剂、杀螨素等。
杀线虫剂	用于防治线虫病害的药剂。 如克线丹、克线磷等。
杀鼠剂	用于毒杀各种有害鼠类的药剂。 如磷化锌、立克命、灭鼠优等。
植物生长调节剂	一种由人工合成的具有天然植物激素活性的物质。可调节蔬菜生长发育、控制生长速度、植株高矮、成熟早晚、开花、结果数量以及促进作物呼吸作用而增加产量。 常见的有矮壮素、乙烯利、赤霉素、萘乙酸防落素等。
除草剂	用以防除农田杂草生长，也称除莠剂。 如2，4-D、敌稗、氟乐灵、草甘膦等。

农具是指从事农业生产时所使用的各种器具。经营农田小菜园必备的常用农具主要有：

铁锹、铁锨、木锨 广泛用于小面积的翻地、整地、平地（去高填凹）、作高畦，开挖栽植坑、播种扬土（覆细土），堆肥、撒肥，修筑

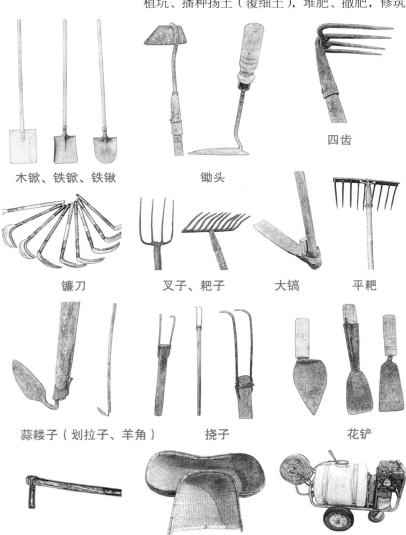

木锨、铁锨、铁锹　　　　　锄头　　　　　　　　四齿

镰刀　　　　叉子、耙子　　　大镐　　　平耙

蒜耧子（划拉子、羊角）　　挠子　　　　花铲

镢头　　　　　簸箕　　　　喷雾器

灌、排水垄沟、浇水（改口子），培土，收获（挖地下根茎）等作业，是小菜园不可或缺的必备农具之一。木锨主要用于播种覆土及种子晾晒翻倒等作业。

锄头 广泛用于中耕、除草，修筑小垄，开条播沟，挖穴、盖土、碎土、培土、镇压，拉秧（刨茬）等作业。为适合蔬菜高密度种植及下蹲干活、近距离作业的需要，除长把锄头外也常采用短把小（手）锄。为小菜园必备农具之一。

平耙 专用于细致平地，如平扇地（前后左右垄沟间的地扇——种植小区），平畦、平沟，也可用于搂草、碎土、镇压等作业。为小菜园必备的农具之一。

四齿 专用于细致平地，如平扇地（前后左右垄沟间的地扇——种植小区），平畦、平沟，也可用于搂草、碎土、镇压等作业。为小菜园必备的农具之一。

大镐 主要用于小面积较坚硬土地的刨地、开沟，起垄、培土修筑灌排水垄沟，修筑畦埂等作业。

挠子 专用于高密度种植蔬菜的株、行间细致中耕；也用于小粒蔬菜种子撒播时划土、覆土等作业。为小菜园必备的农具之一。

花铲 专用于育苗床各种蔬菜幼苗的分苗、起苗，大田定植时挖穴、栽苗等作业。为农田小菜园必备的农具之一。

蒜搂子（划拉子、羊角） 专用于绿叶蔬菜、大蒜等条播时开挖播种沟，也可用于中耕。

镰刀 俗称割刀，多用于稻麦的收割。20世纪50年代受苏北、山东大镰刀影响，刀体、刀柄稍有加长，菜园地常用来作为蔬菜拉秧时清秧、除茬的工具。

耙子、叉子 常用的有竹耙、铁丝和铁耙子。多用于散开、摊匀晾晒的种子，归拢清园时的柴禾、杂草或平整土地时土面的杂物、碎砖瓦块等作业。叉子主要用于清洁园田时归拢杂草、堆草秸、堆肥沤肥等作业。

镢头 镢头的用法和锄头类似，但是锄头主要用来中耕除草，镢头则主要用来刨地、翻地。

簸箕 常用的有柳条、蒲草或竹篾编织的簸箕。主要用于蔬菜种子晾晒、选种时簸去粃籽，或尘土和杂物等作业。平时也常用来盛物。

喷雾器 进行病虫害防治、叶面喷肥和喷生长素时必备的农具。

其他生产资料还包括用于搭架的架材和搭建小拱棚的竹片、细竹竿或钢筋等；及小拱棚覆盖和地面覆盖的草席（草苫）、农用塑料薄膜和地膜等。

第二章

蔬菜种植的基础知识

农田小菜园在选择蔬菜种类和品种上需注意以下几点:

选应季种植的

一年四季,春、夏、秋、冬,交替循环,周而复生,每个季节都有明显的气候变化,春温、夏热、秋凉、冬寒。应季蔬菜就是伴随着一年中节气的变化,在当季生长的蔬菜。与反季节蔬菜相比,应季蔬菜充分吸收了原生态大自然的阳光雨露,品味俱佳,营养丰富,更有利于健康。因此,种植农田小菜园应顺应季节变化的规律而选择每个季节适宜种植的蔬菜种类和品种。

选有较高保健营养价值的

当今时代人们更注重健康和养生,大家对蔬菜的食疗作用也越来越重视。中医有药食同源之说,也就是说,大家每天都要吃蔬菜,它们不仅有食用价值,而且还有较好的药用保健价值,正如一首蔬菜食疗歌所言:"止咳化痰白萝卜,白菜宽胸疏肠道。大蒜能治胃肠炎,芹菜能降血压高。番茄富含维生素,韭菜补肾暖膝腰"。因此,种植农田小菜园可考虑针对需要来选择具有相应药用保健价值的蔬菜种类。

选择品质优良的品种

现在大家越来越重视蔬菜的品质,留恋和回味自己过去曾品尝到风味独特、口感浓郁的农家品种。因此,在种植农田小菜园时应该首先选择口感好、风味佳、品质优良的蔬菜品种。

注意选择抗病丰产的品种

选用抗病品种是获得丰产、稳产,降低种植成本、减少农药使用和控制污染的重要途径。目前,市场上流行的蔬菜抗病品种通常能抗1种或几种主要病害,在种植农田小菜园时应予以充分重视,注意进行选用。

根据个人的喜好选择

俗话说的好"萝卜白菜,各有所爱",我的菜园,我做主。把自己平时喜好吃的蔬菜都可种上点,让小菜园丰盛起来,和家人和朋友一起来分享。

贵在坚持,形成特色

如果你想把小菜园扩大,并将产品推向市场,那你就不要忘记一定要坚持不懈地引进新种类或更优良的品种,种植高产值蔬菜。如果你觉得你种植的某些蔬菜种类的成效特别突出,种植技术也积累了一整套丰富经验,那你就坚持继续种下去,并逐渐形成自己的种植特色。

1 / 蔬菜的特性

要经营好农田小菜园，还需了解蔬菜对温、光、水、气、土、肥等栽培环境条件的要求，只有掌握蔬菜的这些特性，经营者才能合理地安排蔬菜生产的茬口，才能更有效地采取栽培管理措施。

对温度的要求

蔬菜的生长发育受温度的影响最大，各种蔬菜对于温度的要求都有一定的范围，即最高温、最低温和最适温。如果某种蔬菜超过了它可以忍耐的最高温或最低温界限，其生长发育就会受到阻碍，甚至导致植株的死亡。各种蔬菜按其对温度范围的要求可以分为以下五类。

耐寒性蔬菜 菠菜、香菜、白菜（小油菜）、荠菜、结球甘蓝、胡萝卜等。

地上部分茎叶可长期忍耐 −1~−2℃低温，能短期忍耐 −5~−10℃低温，有的甚至能忍受 −10℃的暂时低温。其生育适温为 15~20℃，最高能耐 20~25 ℃，最低耐温 5~7℃。

半耐寒性蔬菜 花椰菜、青花菜、大白菜、萝卜、胡萝卜、豌豆、蚕豆、芹菜、莴苣、芥菜、马铃薯等。地上部分可以抗霜，可短期忍耐 −1~−2℃的低温，在产品形成期温度超过 20℃时生长不良。其生育适温为 15~20℃，最高耐温 20~25℃，最低耐温 5~10℃。

耐寒而适应性广的蔬菜 韭菜、大葱、黄花菜、芦笋、茭白等。此类蔬菜以地下根茎越冬，对低温适应能力与耐寒性蔬菜相似，地下根茎能耐 −10~−15℃或更低的低温。其生育适温为 18~25℃，最高耐温 25~30℃，最低耐温 5℃左右。

喜温性蔬菜 黄瓜、西葫芦、番茄、茄子、辣（甜）椒、菜豆、生姜等。不能长期忍受 5℃以下的

低温，温度在 10℃ 以下便停止生长。其生育适温为 20~30℃，最高耐温 30~35℃，超过 40℃ 生长受影响，最低耐温为 10℃。

耐热性蔬菜 冬瓜、南瓜、苦瓜、丝瓜、西瓜、甜瓜、豇豆、山药、芋头、落葵、蕹菜、苋菜和大部分水生蔬菜等。喜温耐热，可短期忍耐 40℃ 左右高温。生育适温为 20~30℃，最高耐温 35~40℃，最低耐温 10~15℃。

对水分的要求

按蔬菜对水分需求程度，大致将其分为五类。

水生蔬菜 生长在水中。它们叶面积大，组织柔嫩，消耗水分多，但根系不发达，且吸水能力弱，只能在浅水中或多湿的土壤中种植生长。

如莲藕、菱白、荸荠、菱茭、水芋头、水蕹菜等。

湿润性蔬菜 要求土壤湿度高。它们叶面积较大，组织柔嫩，消耗水分多，根系入土较浅，吸水能力弱，因此要求栽培在土壤湿度高和保水力强的地块，同时也喜高湿度空气，需经常浇水，以保证土壤中有足够的水分。

如大白菜、结球甘蓝、黄瓜、萝卜、莴笋、芥菜和绿叶菜类等。

半湿润性蔬菜 要求土壤中等湿度。它们叶面积少数偏大，有的表面虽有茸毛，而水分蒸腾消耗仍偏大。但根系较发达，分布较深，能利用较深层的土壤水分，故有一定抗旱能力。在栽培中需适时适量浇水，以保证正常的生长发育。

如笋瓜、西葫芦，茄果类、豆类蔬菜，胡萝卜等。

半耐旱性蔬菜 消耗水分少，但要求土壤湿度较高。叶片多呈管状或带状，叶面积小，表面多有蜡质层，蒸腾一般较缓慢，可忍受较低的空气湿度。但根系弱，入土浅，分布范围小，几乎没有根毛，

吸水能力也弱，所以要求有较高的土壤湿度。因此，栽培需适时、适量浇水，但水量不宜过大，且应经常保持土壤湿润，才能保证其正常生长发育。

如大蒜、葱、洋葱等葱蒜类蔬菜以及石刁柏等。

耐旱性蔬菜　对水分的适应能力较强。其叶面积大，但表面有裂刻和茸毛，蒸腾作用小，水分消耗少，能忍受较低的空气湿度。而它们的根系又很强大，且入土深，分布广，故抗旱能力较强。但栽培上为取得优质高产，需保持土壤见干见湿，适当进行浇水。如南瓜、西瓜、甜瓜、瓠瓜等。

对光照的要求

光照强度、每天光照时数对蔬菜的生长发育、产品的形成及其产量、品质都有很大影响（见表4）。

根据蔬菜对光照强度的不同要求，通常可将其分为三类：

要求光照充足的　西瓜、甜瓜、南瓜、番茄、茄子、菜豆等。

要求光照适中的　黄瓜、冬瓜、白菜，根菜类以及葱蒜类蔬菜等。

要求光照较弱的　一些绿叶菜类蔬菜，如菠菜、茼蒿、芹菜，以及蚕豆、豌豆、生姜、菊芋、甘露子等。

表4　依照蔬菜对光照长度的不同反应大致可分为三类

长光性蔬菜	在较长的日照条件下（每天光照一般在12~14小时以上）能促进其开花，在较短的日照条件下，不开花或者延迟开花。如白菜、甘蓝、芥菜、萝卜、胡萝卜、芹菜、菠菜、莴苣、蚕豆、豌豆以及大葱、大蒜等。
短光性蔬菜	在较短的日照条件下（每天光照一般在12~14小时以下）能促进其开花，而在较长的日照条件下，不开花或延迟开花。如大豆、豇豆、扁豆、茼蒿、赤豆、刀豆、苋菜、蕹菜等。
中光性蔬菜	能适应日照长短范围较大的蔬菜。许多在理论上属于短光性的蔬菜，如菜豆、早熟大豆（四月拔、五月拔等）、黄瓜、番茄、辣（甜）椒等，实际上也可归类为中光性或近中光性的蔬菜。只要温度适宜它们一般都能开花。

对土壤的要求

各种蔬菜对土壤质地的要求也各不相同，反过来说生产者应根据各种不同质地的土壤来选择适宜种植的蔬菜种类，并采用科学的栽培措施，既要促使蔬菜良好生长，也要有利于改良土壤。

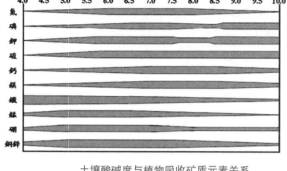

土壤酸碱度与植物吸收矿质元素关系

沙壤土 土质疏松，排水良好，春季升温快，但保水保肥力差，有效营养成分少，蔬菜植株容易早衰，在肥水不足时表现更为严重。栽培管理上应多施有机肥和追肥，追肥应采取多次少量分追的办法。适宜早熟栽培，种植瓜类、根菜类，以及茄果类蔬菜。

壤土 土质疏松适中，保水保肥力较强，土壤结构优良，春季地温升温稍慢，有机质和有效养分丰富，是最适宜种植各种蔬菜的土壤。

黏壤土 土质较黏重，春季地温上升缓慢，保水保肥力强，含丰富养分，但排水不良，易受涝害，雨后或浇水后易干燥开裂，植株生长发育缓慢。一般适于晚熟栽培，种植大株型蔬菜或水生蔬菜。

各种蔬菜对土壤的酸度有不同的要求。大多数蔬菜适宜在中性土壤或弱酸性（pH值 6.0~6.8）土壤上种植。洋葱、韭菜、菜豆、黄瓜、花椰菜、菠菜等对土壤溶液酸性反应敏感，要求中性的土壤种植。番茄、萝卜、胡萝卜、南瓜等能在弱酸性土壤中生长。芹菜、茄子、甘蓝、菠菜等则较能适应偏碱性土壤。

各种蔬菜对盐碱性土壤适应能力也有所不同，恭菜、菠菜、瓜类（除黄瓜以外）、甘蓝类等蔬菜耐盐性最强；蚕豆、大蒜、韭菜、小白菜、芹菜、芥菜、茴香等具有中等的耐盐力，黄瓜、大葱、萝卜、胡萝卜、莴苣等耐盐性较弱，菜豆耐盐性最差。

种植蔬菜时，除应根据土壤特性选择比较适宜的种类以外，也可采取适当措施改良土壤，以适应蔬菜的要求。如土壤偏沙，可多施有机肥加以改良；如土壤酸度过高，可适当施入石灰中和；如土壤碱性过高，则可采取大水漫灌洗盐或用石膏中和等措施。

对气体的要求

蔬菜的生长发育需要氧气和二氧化碳。

氧气主要参与蔬菜的呼吸作用。蔬菜植株的地上部对氧气的需要来自空气，基本可得到满足；蔬菜植株地下部（根系）对氧气的需要主要来自土壤中的氧气，若土壤中氧气充足，则可促进根系的生长发育。土壤中氧气含量主要受土壤结构、通气状况和土壤含水量的影响。

二氧化碳主要参与蔬菜的光合作用。蔬菜植株在进行光合作用时，需要消耗大量的二氧化碳，空气中的二氧化碳的浓度仅为0.03%，一般尚不能完全满足需要，因此，应多施有机肥来增加近地层二氧化碳的浓度，或进行二氧化碳施肥（多在保护地内）以增加光合作用的强度，促进蔬菜的生长发育。

对养分的要求

蔬菜作物从外界环境中吸收的营养物质主要是碳、氢、氧、氮、磷、钾、硫、镁、钙、铁、锌、锰、铜、钼、硼、氯等16种元素，其对蔬菜的生长发育各有不可替代的作用。在蔬菜作物所需要的16种主要元素中，又以碳、氢、氧3种元素需要量最大，约占作物体内干物质重的95%。碳、氢、氧三种元素的来源是空气和水。作物体靠叶片从空气中吸收二氧化碳，靠根系从土壤中吸收水分，获取充足的碳、氢、氧元素。

其次，蔬菜作物需求量较多的是氮、磷、钾、钙、镁、硫等元素，约占作物体干物质重的4.5%。这些元素主要靠根系从土壤中吸收，土壤里如果缺乏这些元素，就会影响蔬菜的正常生长。

另外，还需要微量元素，如铁、锰、硼、锌、铜、钼等。所以在蔬菜种植中，一般应尽量施用营养元素较全面的有机肥料。

2 / 蔬菜的种类

我国蔬菜栽培历史悠久，不同地区间气候环境条件千差万别，经过几千年的自然选择和人工驯化，形成了我国多种多样的蔬菜种类，目前已搜集、保存的蔬菜品种（种质）资源高达 3 万余份，仅次俄罗斯、美国而居第三位。约有 30 余种蔬菜起源于我国，如大白菜、白菜、芥菜、中国萝卜、莲藕、百合、韭、葱、芥蓝等；还有些蔬菜虽然不是我国原产，但经过劳动人民长期的栽培和驯化，已形成了独特的种类，中国便成了它们的第二原产地，例如莴笋等。

目前，我国广泛栽培的蔬菜约有 100 多种，普遍栽培的有 40~50 种，按照植物学分类，共涉及 6 个纲 50 个科。

下文将对常见易种的 92 种蔬菜进行简要阐述。为了科学地系统了解蔬菜特性，便于种植利用，人们还根据一些归类的原则对种类繁多的蔬菜进行了科学的分类。例如，按蔬菜对温度条件的要求分类，可分为耐寒性蔬菜，半耐寒性蔬菜，耐寒而适应性广的蔬菜，喜温性蔬菜，和耐热性蔬菜五大类；又如按蔬菜对水分的要求分类，可分为水生蔬菜、湿润性蔬菜、半湿润性蔬菜、半湿旱性蔬菜和耐旱性蔬菜五大类。

其中最常用的分类法是按农业生物学特性分类和按食用器官分类。

按农业生物学特性分类

这种分类方法是依据蔬菜的生物学特性和栽培技术，将具有相似特性的蔬菜归为一类，一般可分为 14 类（表 5）。

表 5　按农业生物学特性分类

白菜类 如大白菜、白菜、乌塌菜、薹菜等。	以柔嫩的叶片或叶球、花薹为产品，大多为二年生，要求温和的气候条件。以种子繁殖，适于育苗移栽。在栽培上，对氮肥要求较高，需避免未熟抽薹（产品为菜薹除外）。
甘蓝类 如结球甘蓝、花椰菜、青花菜、球茎甘蓝等	以柔嫩的叶球、花球、肉质茎等为产品，大多为二年生。生长特性和对环境条件的要求与白菜类蔬菜相近。

根菜类 如萝卜、胡萝卜、根芥菜、根恭菜等	以肥大的直根为产品，二年生。喜欢冷凉的气象条件。以种子繁殖，不宜移栽。要求土壤土层深厚、肥沃、疏松。
绿叶菜类 如菠菜、茼蒿、芹菜、莴苣、茴香、荠菜等	以叶片及叶柄、嫩茎为产品。一般生长期较短，生长迅速，植株矮小，适宜间套作。以种子繁殖。除芹菜外，一般不进行育苗移栽。要求肥水充足，追肥以速效氮肥为主。对温度的要求差异较大，其中苋菜、蕹菜、落葵等较耐热，其他则较耐寒或喜温。
芥菜类	以叶片、叶球、肥硕的肉质茎和花薹为产品，大多为二年生。要求温和的气候条件。以种子繁殖，大多适于育苗移栽。叶芥对氮肥要求较高。
葱蒜类 如大蒜、葱、洋葱、韭等	多属于百合科植物，一般为二年生。要求温和气候条件。用鳞茎或种子繁殖。根系不发达，要求土壤肥沃、湿润。鳞茎形成需要长日照条件，其中洋葱、大蒜在炎夏时进入休眠。
茄果类 如番茄、茄子、辣（甜）椒等	属茄科植物，以果实为产品，一年生。为喜温蔬菜，不耐寒冷，只能在无霜期生长。一般用种子繁殖。适宜育苗移栽。根系发达，要求有较深厚的土层，对日照长短要求不严格。
瓜类 如黄瓜、西瓜、冬瓜、西葫芦、丝瓜等	属葫芦科植物，以果实为产品，一年生。雌雄同株异花。用种子繁殖。要求温暖的气候条件、不耐寒，生育期要求较高的温度和充足的光照。茎蔓生，需采用搭架栽培并进行整枝。
豆类 如菜豆、豌豆、豇豆、菜用大豆、蚕豆等	属豆科植物，一年生。除蚕豆、豌豆较耐寒外，其他均要求较温暖的气候条件，豇豆和扁豆较耐高温。一般采用种子直播。根系发达，有固氮能力。
薯芋类 如马铃薯、芋、姜、山药等	多以含淀粉丰富的块茎、块根为产品，一般为无性繁殖。除马铃薯不耐炎热外，其余都喜温、耐热。要求湿润、轻松、肥沃的土壤。
水生蔬菜类 如莲藕、菱、慈菇、茭白、荸荠等	生长在沼泽地区及河、湖、池、塘的浅水中，多年生，多为无性繁殖。根系欠发达，每年在温暖或炎热的季节生长，到气候寒冷时，地上部分枯萎。
多年生蔬菜类 如香椿、黄花菜、芦笋、笋用竹等	为多年生植物。繁殖一次可连续收获产品多年。在温暖季节生长，冬季休眠。对土壤条件要求不太严格。一般可进行较粗放的田间管理。
芽苗菜类 如黄豆芽、绿豆芽、豌豆苗、香椿芽（种芽），芽球菊苣、香椿芽（树芽）等	是指利用植物的种子或其他营养贮存器官，在遮光或不遮光条件下，直接生长出可供食用的幼芽、芽苗、幼稍、幼茎等。在生产过程中，一般无需施肥。有种芽菜和体芽菜两类。
食用菌类	如香菇、草菇、木耳、金针菇、双孢蘑菇等。可供菜用的食用菌类。
杂类 如菜用玉米、黄秋葵、菜蓟（朝鲜蓟）等	为分属于不同科的植物。食用器官以及对环境条件的要求也各不相同，因此栽培技术差异较大。

按食用器官分类

这种分类方法实际上是根据蔬菜作物所提供的食用产品器官进行分类，一般可将其分为 5 类（表 6 ）。

表6　按食用器官分类

根菜类 以肥大的肉质根（短缩茎、下胚轴及主根上部膨大）为产品的蔬菜，可分为：	
直根类	以肥大的主根为产品。 如萝卜、芜菁、胡萝卜、根芥菜、根芹菜等。
块根类	以肥大的直根或营养芽发生的根为产品。 如牛蒡、豆薯、葛等。
茎菜类 以肥大的茎部为产品的蔬菜，可分为：	
肉质茎类	以肥大的地上茎为产品。 如莴苣、茭白、茎芥菜、球茎甘蓝等。
嫩茎类	以嫩茎（芽）为产品。 如芦笋、竹笋等。
块茎类	以肥大的地下茎为产品。 如马铃薯、菊芋、甘露子等。
根茎类	以肥大的地下根茎为产品。 如姜、莲藕等。
球茎类	以地下的球茎为产品。 如芋、慈菇等。
鳞茎类	以肥大的鳞茎（在植物学形态上是叶鞘基部膨大而成）为产品。 如大蒜、洋葱、百合等。
叶菜类 以叶片及叶柄为产品的蔬菜，可分为：	
普通叶菜	如白菜（小油菜）、菠菜、茼蒿、苋菜、莴苣等。
结球叶菜	如大白菜、结球甘蓝、结球莴苣、包心芥等。
香辛叶菜	如薄荷、芫荽、葱、韭、茴香等。
花菜类 以花器或肥嫩的花枝为产品的蔬菜，可分为：	
花器类	如黄花菜、菜蓟（朝鲜蓟）等。
花枝类	如花椰菜、青花菜、菜薹等。
果菜类 以果实和种子为产品的蔬菜，可分为：	
瓠果类	如南瓜、黄瓜、冬瓜、苦瓜、瓠瓜等。
浆果类	如番茄、茄子、辣椒等。
荚果类	如菜豆、豇豆、刀豆、豌豆、蚕豆等。
杂果类	如菜用玉米、黄秋葵、菱等。

3 / 蔬菜种植的季节（茬口）安排

蔬菜的栽培季节是指从蔬菜种子直播或幼苗定植后到蔬菜产品全部采收为止的整个占地时间。确定蔬菜栽培季节的基本原则就是把蔬菜的整个生长期安排在温度适宜的季节中，其产品器官的形成期更应安排在生长最佳季节，以获得蔬菜产品的优质和丰产。

在蔬菜栽培上通常把在露地种植的每一季蔬菜（即茬口）称为季节茬口。在北京地区，一般分为春茬、夏茬、秋茬、恋秋茬（秋延后）和越冬茬五大季节茬口。

季节茬口（以华北地区为例）

春茬　指在春季种植，春末或夏初收获的一茬蔬菜，在此期间种植的蔬菜统称为春茬蔬菜。根据蔬菜种植时间的早晚，又可分为早春茬、春茬、晚春茬。

春季大地回暖，万物复苏，地温和气温回升，很多种类的蔬菜都适合在春茬种植。耐寒性蔬菜和半耐寒性蔬菜如芫荽、白菜（小油菜）、小白菜、小萝卜、豌豆以及洋葱、莴笋、结球甘蓝、花椰菜等，一般在农历惊蛰至春分时节露地土壤温度回升后即可播种或定植，于春末夏初收获（早春茬）。喜温性蔬菜如番茄、茄子、辣（甜）椒，黄瓜、西葫芦、冬瓜以及菜豆、豇豆等蔬菜，一般多在立春前后播种育苗，谷雨时露地断霜后定植（春茬）或于春分节前播种育苗，小满前后定植（晚春茬），仲夏或夏末收获。

夏茬　指在夏季种植，夏末或秋初收获的一茬蔬菜，在此茬口种植的蔬菜统称为夏茬蔬菜。

夏季气候逐渐炎热，有一部分生长期较短的绿叶蔬菜如苋菜、小白菜、白菜（小油菜）等，可作加茬菜在芒种节前后种植，立秋前收获；还有一部分喜温和耐热的蔬菜如豇豆，黄瓜、冬瓜、南瓜常在立夏前播种育苗，夏至前定植，秋季收获。

秋茬　指在秋季种植，秋末或冬初收获的一茬蔬菜。在此茬口种植的蔬菜统称为秋茬蔬菜，如大白菜、秋冬萝卜、根芥菜、结球甘蓝、花椰菜、青花菜以及菠菜、莴苣等叶菜类蔬菜，它们多在立秋前后或白露前播种或定植，冬前收获。

恋秋茬（秋延后） 恋秋茬（秋延后）是指采用生长期较长的蔬菜，于春末夏初种植，越夏延秋，夏末至秋末陆续收获的一茬蔬菜。如茄子、辣（甜）椒、茄子或扁豆、蔓生菜豆以及苦瓜、丝瓜、蛇瓜、南瓜等，它们多在立夏至小满时节播种育苗，立夏前后定植，秋季收获。

越冬茬 指在秋季直播，露地（或地膜覆盖）越冬，翌年早春收获的一茬蔬菜。如根茬菠菜、根茬芫荽（香菜）等耐寒性蔬菜，一般多在秋分节前后播种，翌年早春收获。

土地茬口安排举例

一年一茬 从春到秋一大茬。多选用生长期较长的适宜进行春种越夏秋延后栽培的茄果类、瓜类、豆类或葱蒜类蔬菜等。5月初定植，7月中旬开始收获，越夏时加强田间栽培管理，一直可收获至秋末。

例如大葱，山药、菊芋、姜、芋头，恋秋茄子、辣椒、晚熟大冬瓜、丝瓜、苦瓜、扁豆等。

一年二茬 一般为春茬和秋茬两大茬。春茬可种植茄果类、豆类、瓜类、葱蒜类蔬菜，4月底、5月初定植，7月底前拉秧；秋茬可种植白菜类、甘蓝类、根菜类蔬菜等，8月上旬定植，10中下旬陆续收获。

如番茄＋大白菜，蔓生菜豆（架豆）＋花椰菜，黄瓜＋萝卜，恋秋豇豆＋根茬菠菜（一年一茬半）。

一年三茬 在一年二茬的基础上，前茬再加一茬早春菜，多采用耐寒性强的叶菜类和根菜类蔬菜。

如菠菜、小白菜、白菜（小油菜）、茼蒿、芫荽（香菜）、小萝卜等。3月初播种，4月初开始收获，4月下旬拉秧。

一年多茬 根据一年中季节的变化可安排生长期短的叶菜类蔬菜进行多茬种植，一般在春秋温度适宜的季节，播种或定植后30~50天即可采收，全年可根据需要安排种植次数。

多年生 有些蔬菜一次播种或定植后，可采收2年以上，称为多年生蔬菜。

如：韭菜、芦笋、紫背天葵、香椿、黄花菜等。

第三章

蔬菜种植技术及
作业操作要点

种植蔬菜的田间管理中，直播蔬菜除出苗后有一段时间的苗期管理（相当于育苗蔬菜在苗床的时期及定植、缓苗时期）与育苗蔬菜的管理稍有不同外，此后的所有田间管理，包括浇水蹲苗、追肥、中耕、植株调整、人工授粉、病虫害防治和采收则大致相同。

1 / 种植地块的准备

　　蔬菜在种子直播或幼苗定植前，必须先对种植地块进行耕翻、施底肥，并作好畦垄。

耕地、翻地

　　农田小菜园通常每 2~3 年需进行一次深耕，耕深 35~40cm（常年耕深 25~30cm），种植规模较大的可采用机耕，面积较小的可采用铁锨人工深翻。

　　深耕多在秋季蔬菜拉秧后进行，同时在过冬时进行晾垡，第二年早春土壤化冻后及时耙地、轧地（破碎土块），也可再进行一次春耕（浅耕、旋耕），然后耙地，于平地后沿大垄沟起灌、排水垄沟（灌、排水毛渠），形成种植小区（地扇），随即平整地、作畦。

　　浅翻则多在夏秋季蔬菜换茬时，以及前茬拉秧后进行，可采用机耕（不破坏灌排垄沟，抱着垄沟旋耕），或用四齿人工啄地，耕深约 25cm，随即进行耙地、平地。

　　秋耕可使土壤经冬季晾垡冷冻，增加疏松程度、提高吸水保水能力，杀灭土壤中部分病菌孢子和虫卵，并可提高翌年早春的土温。

　　耕地时要求耕深一致，不漏耕、机耕不留大墒沟，秋耕需在土地上冻前完成，春耕要求早耕，随耕随耙。此外，夏秋季节进行耕地，因正处雨季，故不宜深耕。

施基肥

基肥也称底肥，一般在蔬菜播种或定植前结合整地施入田间。基肥常以含氮、磷、钾和微量元素等肥效全面且肥效较长的有机肥为主，如厩肥、堆肥、饼肥以及商品有机肥脱臭鸡粪等，但也可根据具体需要加入适量化肥如氮、磷、钾三元复合肥、过磷酸钙、硫酸钾等。通常基肥施用量较大，一般每亩应施入有机肥2 000~5 000kg，或掺入氮磷钾（15∶15∶15）三元复合肥25~30kg或过磷酸钙25~40kg或硫酸钾5~7.52kg，也可掺入300~500kg脱臭鸡粪等商品有机肥。

施基肥时需注意肥料应腐熟、捣碎，所施有机肥尤其是厩肥、堆肥等农家肥必须预先进行堆沤、发酵，否则容易引起田间幼苗烧根或地下害虫为害。基肥施用方法有撒施（铺施）、畦施、沟施和穴施等几种。

铺施 一般多在土壤耕翻前，将肥料运到田间，卸成小堆，再铺撒于土面，并随耕地翻入土中。作业时应注意铺撒均匀，不留粪堆地盘。铺施可覆盖全田，能起到全面施肥的作用，肥效也较均匀，但施入量也较大。

畦施 在作好畦埂后、畦面平整前铺撒于土面，然后用四齿刨地，将肥料掺拌混入土中，深25~30cm。作业时应注意铺撒均匀，掺拌到位，不留畦头；一般可先对着一端的畦头掺刨拌和，将畦头掺拌好，再反过来逐步向另一端畦头往前掺刨拌和。

沟施 在开好定植或播种沟后，将肥料撒于沟中，然后用四齿掺拌。作业时应注意撒肥均匀，每沟施肥量大致相同，不撒到沟外，掺混要均匀。

穴施 在挖好定植或播种穴后，按穴将肥料撒到穴中，适当掺拌。由于施用肥料比较集中，作业时一定要注意严格按量施入、切勿过多，切忌施入生粪，否则容易影响出苗。

畦施、沟施、穴施均为集中施肥，施入量相对较少，肥效发挥较集中、利用效率较高，但作业比较费事、费工。集中施肥一般多在肥料量不足时或需施用精细肥料时（如脱臭鸡粪、饼肥、化肥等）被采用。但若铺施的基肥量较少，也可在此基础上再进行集中施肥。

作畦、畦式

　　为了更好的采光、防风和保温，蔬菜种植畦一般都采取东西方向延长。但在夏秋高温季节种植高秧蔬菜时，为有利于通风，也可采用南北延长的畦向。

　　种植畦的方式必须考虑所种植的蔬菜种类、品种，种植季节、方式（如搭架或地爬）、土壤肥力、采收方式（如整株收割或采摘嫩梢、叶片）等不同因素进行相应的调整，目的是使蔬菜有足够的生长空间，能充分利用土地，并获得最高产量。可供小菜园采用的畦式主要有：平畦、低畦、小高畦、高垄、瓦垄畦、畦沟等。

平畦

平畦 平畦在北方蔬菜生产中被广泛应用于各种蔬菜种植，包括密植、稀植、地爬或塔架栽培等。平畦适于通过灌水垄沟进行地面灌溉，浇水简便，不需要更多的设施；多在雨量较少不易出现雨涝的地区或季节应用。

在灌排垄沟之间，按预定的畦宽 1~2m（一般为 1.33~1.66m），用镐或耧等农具人工起畦埂，埂宽 27~30cm，高 15~20cm，畦面与地面、道路相平，即形成平畦。作畦时要求起埂兜土两遍，取直、踩实，畦面平成四平畦（畦面水平）、顶水畦（远离浇水垄沟一端稍高）或跑水畦（远离浇水垄沟一端稍低）；顶水畦浇水量较大，多在春季少雨时节应用，跑水畦浇水量较少，适于早春地温较低时期应用，但一般情况下多采用四平畦。

低畦

低畦 畦面低于地面和走道。低畦利于蓄水和大水量灌溉，在干旱少雨地区应用较多。适于进行地面灌溉和种植叶菜类等需要经常浇水的蔬菜。

北京一般较少采用，只在进行韭黄、蒜黄、芽球菊苣等蔬菜囤栽（软化栽培）时才有应用。

小高畦

小高畦 在灌排垄沟之间，按预定的畦宽 100~133cm，用铁锨沿"走道"（相当于平畦的畦埂位置）挖沟，用挖出的土叠在畦面，形成横断面为梯形的高畦，畦面高 15~18cm，走道沟宽上口 33cm 左右。小高畦在干旱时可进行沟灌洇畦，故作畦时要求畦面不能太宽，否则难于洇透，同时沟底要平整，最好稍有坡度。

小高畦在大雨时又可从"走道沟"通畅排水，不易受涝，因此很适合于降水较多的季节和地区或地下水位较高、排水不良的地块应用。

在北方蔬菜生产中多应用于黄瓜、冬瓜等瓜类，番茄、茄子等茄果类以及菜豆、豇豆等豆类蔬菜的夏秋季栽培。

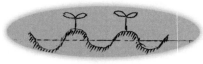

高垄

高垄 在灌排垄沟之间，按预定的垄距50~66cm，采用机械、畜力或用大镐、耪等农具起垄，形成宽23~27cm，高18~20cm高垄。起垄时要注意取直，垄高一致，垄背要压实、擦平。高垄既便于浇水，又便于排水、不易受涝，且机械作业方便，还有利于提高土温，故适合于早春或夏秋季应用。

北方蔬菜生产中多应用于种植行距较大的结球甘蓝、花椰菜等甘蓝类蔬菜以及大白菜、萝卜等蔬菜的秋季栽培。

瓦垄畦

瓦垄畦 在灌排垄沟之间，按预定的畦宽1~2m（一般为1.33~1.66m），用镐或耪等农具人工起畦埂，再从畦面中部取土向两侧铺撒，将畦面做成中间稍低、两侧稍高的凹面畦，即形成瓦垄畦。作畦时应注意垄底与垄边的高差宜掌握在7~10cm。瓦垄畦旱能灌、涝能排，兼具了平畦和高垄的特点。

瓦垄畦起畦作业比高畦省事、省工，适合于多雨的夏秋季节应用。

北方蔬菜生产中多应用于黄瓜、架豆、豇豆、木耳菜、蕹菜等夏秋种植蔬菜的搭架栽培。

沟畦

沟畦 在灌排垄沟之间，按预定的沟距50~73cm，采用机械、畜力或用大镐或耪等农具开沟，形成宽33~40cm，深10~13cm畦沟。开沟时要注意取直，沟底深浅一致，沟头要接好。畦沟易于浇水（沟灌）、用水量少，既利于蓄水、又便于排水，不易受涝，且机械、蓄力作业方便，还有利于提高地温，适合于温度较低和干旱的早春季节应用。

北方蔬菜生产中多应用于种植行距较大的结球甘蓝、花椰菜等甘蓝类、番茄、茄子、辣椒等茄果类以及马铃薯、大葱等春季栽培。

2 / 大田直播

在外界环境条件较好时，也可不进行育苗而直接将种子播种于大田即直播。直播还适合于植株根系再生能力较弱、移植后不易成活或移栽后易影响产品质量（如发生叉根）的一些蔬菜种类，如豆类、根菜类和部分叶菜类等蔬菜。　蔬菜种子直播的作业要求及具体操作方法与育苗播种类似。但播种前后应创造较好的土壤耕作条件：如畦垄平整、土面细碎、土壤墒情良好，土温稳定等，务使幼苗能顺利出土。如直播后能采用地膜覆盖，则对种子萌发和出苗都具有良好的促进作用。

采用直播栽培，省去了育苗作业，简便、省事；但用种量较大，且易受自然条件影响而出现缺苗断垄或出苗不齐等现象，苗期也不像育苗床那样集中，很难进行精细管理。

直播方法与技术

按种子播撒方式的不同可分为穴播、条播和撒播三种方法。按种子播种作业浇水的先后（播前或播后）又可分成干播（浇明水）和湿播（浇暗水）两种方法。

穴播　也称点播。在平整好的畦、垄上按预定的行株距开挖浅穴或按行距开浅沟，再按穴（株距）播放 1~2 粒至 4~5 粒种子，然后按种子大小以不同厚度覆土，稍加镇压。

穴播多用于生长期较长，要求田间有较大株行距的南瓜、西瓜等瓜类蔬菜或需要丛栽的菜豆、豇豆、蚕豆等豆类蔬菜的露地直播；此外，在种子紧缺、数量不多时也可采用穴播。

穴播时要注意开沟挖穴的深浅、覆土的厚薄应尽量一致，以利于整齐出苗。穴播的优点是用种较节约，可进行集中施肥，但对作业的操作技术要求相对较高，且较费工。

条播、短条播　在平整好的畦、垄上按行距开小沟，随即在沟中连续播撒种子（条播），或按一定距离断续播撒种子（短条播），然后覆土平沟，稍加镇压。条播多用于生长期较长，种子较小，田间需要株行距较大的大白菜、萝卜、根用芥菜、豌豆以及采用搭架栽培的薤菜、落葵等蔬菜的露地直播。

此外，生产上为增加密度、提高产量，常将播种行加宽（"宽条播"）或缩小播种行沟距（"密条播"），这两种方法兼具撒播和条播的效果。

条播时亦应注意开沟深浅、覆土厚薄尽量一致。条播的优点是较撒播省种子、省水、省人工，还较易达到出苗整齐。

撒播　在平整好的播种畦上，均匀地播撒种子，然后覆盖一层薄土；或用四齿、划拉子（羊角）划出较密的浅沟，随即均匀撒播种子，然后用扫帚左右方向反复横扫覆土，并进行适当镇压（干播）。撒播多用于生长期较短，田间只需较小株行距、栽培密度较大的绿叶菜类蔬菜的露地直播，如菠菜、白菜、茴香、香菜等。撒播时应注意做到畦面平整、土粒细碎，撒籽均匀，覆土厚薄一致，以保证出苗整齐、均匀。

撒播优点是土地利用率较高，用种量较大，对作业的操作技术要求较严格，且较费工。

干播　在平整好的畦（垄）上按预定的播种量进行播种，然后覆土、镇压。

如果土壤墒情较好，播种后至出苗前一般可不再浇水，但若土壤较干旱，则可在播后随即浇水，并在出苗前连续浇 2~3 次，以保持土表湿润，利于出苗。干播多用于温度较高、土壤墒情较好的夏秋季的露地直播。干播后（出苗前）若不浇水，则必须注意准确评估土壤的墒情，并根据土壤湿度进行恰当的镇压，如土壤较潮湿则应轻压，恰当镇压有利于保墒和出苗。

干播的优点是省事、省工，如果技术掌握好，播种效果也不错。

湿播　播前先对平整好的畦、垄或开挖好的播种沟、穴进行浇水，待水渗下后，撒一层薄薄的底土，然后进行播种、覆土。湿播多用于温度较低且较干旱的早春季节，为保持土温，出苗前一般不再浇水，常采取 1~2 次覆土或覆盖草秸、地膜等进行保墒。为了使幼苗尽快出土，播前最好对种子进行浸种、催芽。

湿播播种效果好，但作业不仅费事、费工，而且操作技术要求也很严格。

直播后苗期管理

直播蔬菜的种子发芽和幼苗生长与外界气候密切相关，低温、高温、干旱、雨涝等都将直接影响幼苗出土，且幼苗易受病虫为害，因此，生产上多采取适当加大播种量来避免田间缺苗、断垄。

直播蔬菜出苗后田间的幼苗数量常常远大于正常的种植密度，为此必须进行间苗和定苗。

间苗作业以尽早、及时为好，一般可分 2~3 次进行。如穴播萝卜和大白菜，通常在幼苗出齐后进行 1 次间苗，使幼苗之间互不拥挤、不遮荫，每穴留 3~5 株；待幼苗长有 2~3 片真叶时再进行 1 次，每穴留 2~3 株；最后 1 次间苗，每穴选留 1 株，即"定苗"，萝卜宜在长有 4~5 真叶、大白菜 6~7 片真叶时定苗。

间苗应掌握"去密留稀、去弱留强、去小留大"的原则，尽量将弱苗、病苗、小苗和受损伤的苗疏去，保留苗壮的健苗。在间苗时应同时对缺苗的行、垄进行补苗。补苗应及早进行，最好安排在下午，可在田间直接取健壮幼苗带土移栽，也可另外用苗床提前几天育苗，专门用来补苗。一般在进行间苗、定苗作业操作后，应随即进行浇水，以促进幼苗生长。

3 蔬菜育苗

育苗对蔬菜种植具有重要意义。先用小块地创造良好栽培环境条件，提前进行蔬菜播种育苗，然后移栽大田，可提早蔬菜的播种期，延长生长期，从而使蔬菜提早成熟，产量更高；由于用小块地集中育苗，效率提高，管理方便，也更精细，因此较易育成壮苗，有利提高产量；同时，由于集中在苗床提前育苗，缩短了蔬菜在大田的占地时间，且所育成的幼苗可供育苗地 8~12 倍面积的大田种植，有利于合理安排茬口，提高土地利用率，提高复种指数和土地的产出；此外，育苗移栽比大田直播用种量少，可节约用种，降低生产成本，这对于选科种子价格昂贵的蔬菜来说更具有现实意义。

在气候条件较好的生长季节，蔬菜育苗一般都在露地进行，但在气温较低的早春和炎热的夏季，必须在塑料小拱棚、改良阳畦、日光温室或荫棚等保护地设施中进行。农田小菜园可根据自身的条件和种植要求选用适合的育苗设施进行蔬菜育苗。

育苗设施

露地苗床 露地苗床应选择地势高燥，光照充足（无遮荫物），靠近水源，离移栽种植地块较近，运苗方便，土质较好且疏松肥沃、富含有机质，地下害虫少的地块，一般不用特殊的保护设施或设备，仅利用自然常温进行育苗。

和保护地育苗相比，露地育苗管理相对简单，且较省工、成本也低。但露地育苗易受各种自然灾害、病虫草害，土壤板结等影响。

拱圆形小拱棚 占地面积可大可小。多东西方向延长，一般用细竹竿、竹片、铁丝或钢筋（直径 6mm）插成拱圆形的拱架，宽1.0~2.0m，高 0.5~1.0m，拱架间距约 50cm，外覆塑料薄膜，四周用土压实，拱架间再用压膜绳固定。夜间可覆盖草苫保温。

拱圆形小拱棚无论从取材、建造还是管理均较容易，成本也低，是农田小菜园不可缺少的育苗设

施。但不能满足播期较早的蔬菜育苗要求。

半拱圆形小拱棚（改良阳畦）

占地面积可大可小。多东西延长，透光面朝南，在北面筑一道厚 40~50cm，高 1.0m 的土墙（或 37cm 厚砖墙），床面南北宽2.0~3.0m；沿墙头往南面插竹竿、竹片或钢筋（直径 6~8mm），一端固定在墙头，另一端插入床面前沿土中，形成半拱架，拱架间距 0.5~1.0m；外覆塑料薄膜，底脚用土压实，拱架间再用压膜绳固定。夜间可覆盖草苫保温。

塑料小拱棚结构简单，取材方便，成本较低，便于建造，易于管理，是一般农田小菜园早春蔬菜育苗最适用的保护地设施。

塑料大棚 占地面积较大，通常在 333m² 或 667m²。可采用竹木结构，由立柱、拱杆、拉杆、压杆组成一个整体的拱圆骨架，拱圆棚宽 8~15m，长 50~60m，中高2.5~3.5m，边高 1.0~1.5m，其上

覆盖塑料薄膜。也可采用钢材结构，其骨架采用镀锌薄壁管等轻型钢材，由厂家定型生产。还可采用混合结构，拱杆为钢材、竹木混用，立柱为水泥柱。

竹木结构大棚取材容易，便于建造，成本较低，但使用年限较短，棚内立柱多，不便管理，遮阴面积也大，不利蔬菜生长。钢材结构大棚坚固耐用，装拆方便，棚内无立柱，并装有卷帘、通风等机械设备，管理方便，但成本较高。混合结构大棚比竹木大棚更为牢固，比钢材结构大棚较节省钢材。塑料大棚因夜间没有覆盖物，保温性能较差，为提高温度、提早育苗也可在棚内再套建拱圆形小拱棚，其上覆盖塑料薄膜，夜间加盖草苫。

高效节能日光温室 占地面积稍大。多东西延长，透光面朝南。后墙为土墙砖墙或异质复合墙，中柱高 2.8~3m，南北栽培床宽 6m，

在竹木或钢材拱架上覆盖塑料薄膜，再用压膜绳固定，夜间覆盖草苫，蒲席或保温被。

高效节能日光温室采光好，密封性强，防寒、保温性能优良，可自然通风，在华北地区一般不需加温便可在冬季生产黄瓜、番茄等喜温蔬菜，也是农田小菜园冬春蔬菜育苗的最安全场所。在寒冷季节，为进一步提高室内温度，还可置放电热线（地热线或空气加温线）加温。

荫棚 在炎热夏季进行蔬菜育苗，为避免强烈光照、高温干燥和暴雨来袭，生产上常采用苇箔、竹

帘、竹竿或遮阳网、银灰色塑料薄膜、黑色塑料薄膜等遮阴材料进行覆盖，在育苗床上搭成荫棚（平棚或拱棚），以便挡光防晒、降温保湿、规避暴雨和冰雹冲砸。

此外，还有一种目前生产上已不大采用的阳畦——四周有土框的凹畦，畦上可覆盖塑料薄膜和草苫保温，是过去最常用的育苗设施之一。

浸种催芽

为了加速幼苗出土，做到出土后苗齐、苗全，在蔬菜育苗播种前，一般都要对种子进行浸种催芽等种子处理。

浸种 用清水冲洗种子，洗净后用 50~55℃ 的温水（约两份开水，对一份凉水）浸种 15~20 分钟，水量要没过种子体积 3 倍以上，同时进行搅拌，直到不烫手时（水温约降至 30℃）止，继续浸种 2~24 小时。

浸种时间甘蓝 2 小时；黄瓜 3 小时；番茄 3~4 小时；茄子和辣椒 4~6 小时（但也有长达 24 小时的）；芹菜 12~24 小时。如嫌麻烦不愿采用上述兼具消毒作用的温汤浸种，也可直接用 20~25℃ 洁净清水对种子进行浸种。

催芽 将浸种后的种子，用清水淘洗 2~3 遍，稍晾，用湿纱布或毛巾、棉布片等包好，放入洁净的盆钵、箱盒等容器内，放在温暖处（恒温箱内或炉子、暖气旁等）催芽，催芽温度茄果类、瓜类等喜温蔬菜以 25~30℃ 为好，芹菜、甘蓝类等耐寒、半耐寒蔬菜以 18~25℃ 为好。一般每隔 4~5 小时上下翻动一遍，每天早晚用 16~20℃ 清水各投洗一次，待种芽有 60%~70% 露白时（一般需经 2~8 天）即可播种。催芽期间可能发生种子发霉或芽干现象，应注意及时调节湿度，尤其不要积水或过于干燥。种芽露白前为加速发芽，催芽温度宜掌握稍高，露白后宜稍低，以使种芽生长整齐、粗壮。催芽后期如遇阴天、雪天等严寒天气而不能及时播种时，则可将种芽放在低温处保存（但不要受冻）。

苗床准备

蔬菜育苗可以在传统的苗床上

进行，也可在人工配制的营养土、营养土块或塑料苗钵、塑料苗盘中进行，农田小菜园应根据自身的具体条件和种植要求选用。一般塑料苗钵育苗和穴盘育苗较为简便，育苗效果也好，使用比较普遍，但需要更精心的管理。

传统苗床 冬春育苗最好在播种前一个月翻晒好育苗床，作成平畦，并提前几天覆盖好育苗设施的塑料薄膜，以提高地温。同时在苗床中施入经过腐熟并筛细的堆肥或厩肥每 $10m^2$ 铺施 75~100kg 或加施适量的育苗专用商品有机肥，然后将肥土掺匀，平成四平畦（高温期平成顶水畦）待播。但在豆类蔬菜苗床中，为避免发生蛆害，一般不进行施肥。

营养土苗床 营养土多由人工配制，所用有机肥应提前在上一年夏季堆制、翻倒，使其充分腐熟。配制用料和比例一般为（按体积立方米计算）：过筛园田土 5 份、腐熟过筛的细厩肥 5 份，再加入硫酸钾型（15：15：15）氮磷钾三元复合肥 1.5~2kg。营养土配好后即可平铺于畦面，厚 5~8cm，稍加镇压，待播。

营养土块 营养土块由营养土经压制或切割而成。营养土配制用料和比例一般为（按体积计

算）：过筛园田土 2~4 份，腐熟过筛马粪等厩肥 8~6 份（如采用草炭则为 7~4 份），或加入过筛陈炉渣灰 2 份左右，同时适当减少厩肥的用量。压块时营养土的水分以手握捏能成团，掉到地上能散开为度（含水量 20% 左右）。经压制或切割成的营养土块一般为 8~10cm 见方，高 5~8cm。其压制或切割多采用人工作业，又分为"和泥法"和"干踩法"两种：前者需先将营养土和成泥，再平铺在整平、压实（镇压）后的苗床上，然后用人工切成方块，待播；后者可直接把营养土铺在整平、压实（镇压）后的苗床上，经刮平、镇压（踩实）、浇透水，待水渗下后再切成土块，待播。由于"和泥法"比较费事、费工，故一般多愿意采用"干踩法"。此外，生产上也有用模具或养土块压制机压制营养土块的，其优点是制作的效率更高，土块规格更为整齐一致，还可以预制并进行批量生产，更适合于大面积生产应用。

塑料苗钵 塑料钵通常由聚乙烯制成，呈圆筒形，黑色、墨绿色或暗白色。上口直径一般为 6~10cm，下底直径稍小，高 8~12cm，底部有一漏水孔。用于

育苗时，茄果类蔬菜一般可采用上口直径为8cm左右稍小的苗钵，瓜类蔬菜则多采用10cm左右稍大的苗钵。在装填营养土时应注意掌握填8成左右而不要全满，以便于浇水、覆土。

塑料苗盘（穴盘） 由塑料制成分隔成连片方格状的育苗容器，俗称穴盘，穴盘长54.4cm，宽27.9cm，高3.5~5.5cm；以孔穴大小不同，分50孔、72孔、98孔、128孔、200孔、288孔、392孔、512孔等多种规格；穴盘的每个方格空间上口稍大，下口稍小，四周呈"楔形"面，形似塞子，故其育成的苗也称"塞子苗"；穴盘按自身重量一般有130g（轻型）、170g（普通型）和200g以上（重型）三种规格，轻型穴盘的价格较低，但使用寿命较短。一般瓜类、茄果类蔬菜育苗时多选用孔径较大的穴盘，如番茄、茄子、辣（甜）椒、黄瓜等多选用72孔穴盘；甘蓝类、绿叶菜类蔬菜则选用孔径较小的穴盘，如甘蓝、花椰菜等多选用128孔穴盘，莴苣、芹菜、球茎茴香、芥蓝等多选用288孔穴盘。培养土多采用专配基质，基质由经过发酵处理后的有机物如芦苇秸、麦秆、稻草、食用菌生产下脚料等与珍珠岩和泥炭等按（1：2：1或

1：1：1）体积比混合制成，最好每立方米再掺混腐熟鸡粪5kg，硫酸钾型（15：15：15）氮磷钾三元复合肥2kg。注意在装填育苗基质时也应掌握填8成左右满，以便于以后浇水、覆土。

育苗床播种

在育苗床进行播种时，一般大粒种子如瓜类、豆类等蔬菜多采用点播；小粒种子如茄果类、甘蓝类、葱蒜类等蔬菜则多采取撒播。

采用点播时先浇"底水"，待水渗下后覆一层过筛细薄土，随即按8~10cm见方间距（床土、营养土育苗，不分苗）或按钵（苗钵、土块、穴盘育苗）点籽，瓜类蔬菜放1粒种子，豆类放3~4粒，然后"抓土堆"覆土，抓一小把过筛细土盖上种子，形似小坟堆，厚约"一立指"（1~1.5cm），接着再撒覆一层薄土即可。

采用撒播时苗床（床土、营养土育苗）先浇"底水"，待水渗下后覆一层薄土，随即进行撒播，将种子均匀撒于畦面，然后再覆过筛细土，厚约"一扁指"（0.7~1cm）即可。

注意苗床"底水"不要过大，一般以湿透床土7~10cm为宜，否则会使土温降低过大，不利幼苗出

土。此外，覆土厚度要适当，太薄易造成种子"带帽"（种壳未脱落）出土，影响幼苗生长，太厚则易妨碍种子出土。

苗期管理

出苗至小苗期管理 在播种后的出苗期为促进种子迅速出苗和苗齐、苗全，需注意采取有效的防寒保温措施，以保证苗床达到一定的温度，喜温蔬菜苗床温度白天宜保持 25~28℃，夜间 18~20℃；喜冷凉蔬菜白天宜保持 20~25℃，夜间 14~16℃。自出苗至第一片真叶露心的籽苗期，为防止幼茎徒长，需适当降低夜间气温，喜温蔬菜宜降至 12~15℃，喜冷凉蔬菜降至 9~10℃，同时应密切注意夜间防寒。

这一时期一般不浇水，以免降低土温导致猝倒病等发生。

此后至 2~3 片真叶的小苗期，为促进幼苗生长，应适当提高温度，喜温蔬菜白天气温可保持在 25~28℃，夜间 15~17℃；喜冷凉蔬菜白天保持 20~25℃，夜间 10~12℃；注意随着外界气温升高，应逐步加大通风量，并延长幼苗见光时间；这一时期一般不需浇水，但可向床面撒一层湿润细土以利保湿。

分苗前及分苗管理 为充分利用保护地设施，一般播种床的播种密度较大，故瓜类蔬菜在露心（第一片真叶长出）时，茄果类蔬菜在 2~3 片真叶时（花芽开始分化前）苗床就会显得拥挤，这时为扩大幼苗的营养面积，使其能继续健壮生长，需进行一次移栽，即分苗。分苗前 3~4 天需对苗床加强通风、降温和控水。分苗前一天要浇一次透水，以减少起苗时伤根；分苗应选晴天进行，最好先开小沟栽苗，再用喷壶浇小水，然后覆土（俗称"浇暗水"），避免灌浇大水过多降低土温影响缓苗；也可以在移栽后再浇小水（俗称"浇明水"），但水后必须及时进行中耕（1~2 次），以提高土温。当然，若在播种时苗床就预留了适当间距的幼苗就不需再进行分苗（俗称"子母苗"），例如用营养土块、塑料钵、穴盘以及稀播苗床培育的幼苗。

分苗后缓苗期管理 分苗后幼苗处于缓苗阶段，为加速恢复根系生长可在分苗床覆盖一层地膜，以利增温保湿。一般喜温蔬菜应保持地温不低于 20℃，气温白天在 25~28℃之间，夜间不低于 15℃；喜冷凉蔬菜则可相应降低 3~5℃。缓苗期间一般不放大风，可适当放小风，缓苗后应及时撤除覆盖物。期间如幼苗叶片发黄则应进行中耕，以提高土温，促进发根。

成苗期管理 幼苗缓苗后，如育苗床床土显得干燥可喷淋一次水。这一时期苗床温度管理宜掌握控温不控水的原则，应将喜温蔬菜苗床夜间气温控制在 12~14℃，喜冷凉蔬菜控制在 8~10℃。夜间保持较低的温度既可防止幼苗徒长，也有利于促进花芽分化。但长时间的过低夜温，如果番茄低于 10℃，甘蓝、芹菜低于 4~5℃，则容易出现畸形果或未熟抽薹。

这一时期浇水需注意每浇必透，切忌小水勤浇。

同时，随着外界温度的逐渐升高，苗床应逐渐加大放风量，后期可通过夜间放风降低温度。

定植前的管理 定植前幼苗需通过降温、控水等措施加强锻炼，以使幼苗能良好适应定植露地后的环境条件。一般应在定植前 5~7 天逐渐加大通风量、撤去覆盖物，渐次降低温度（尤其是夜间温度），并停止浇水。一般喜温蔬菜夜间最低温度可降到 7~8℃，番茄和黄瓜可降到 5~6℃；喜冷凉蔬菜降到 2℃，甚至短时间降到 0℃。定植前要完全撤去覆盖物，但必须密切注意天气预报，做好防止霜冻的准备。

定植前通常还要进行囤苗，囤苗可防止秧苗徒长，促进新根发生，加速定植后缓苗，并有利于加快定植作业的进度。囤苗一般在定植前 3~7 天进行，先在苗床中浇一透水，再按苗距切成土坨，并同时移动位置，重新排列于苗床中，排列时土坨之间所留的空隙应随即用细土填充，几天后待土坨周围长出新根时即可定植。

定植

当苗床幼苗长到一定大小时，需及时栽植到大田里去即"定植"也称"移栽"。由于各种蔬菜的特性不同，种植茬口不同，且受自然气候季节变化的限制，其适宜的定植时间和适合的定植方法也各不相同。

各季节茬口蔬菜定植的适宜时期与不同种类蔬菜本身生长期的长短，对温度等环境条件的不同要求，幼苗的大小，移栽时外界气候条件（如有无霜冻），种植土地的准备（如有无保护措施）以及计划收获上市的时间等密切相关。但不管哪一个季节茬口，还是哪一种蔬菜，幼苗的大小及当时的外界气候条件是决定其是否已适合定植的最主要因素。

定植时的幼苗大小

定植时对幼苗大小的要求，依不同种类蔬菜生物学特性的差异而有所不同。一般叶菜类蔬菜幼苗，长到3~4片真叶时即可定植。幼苗过小，操作不便，而苗过大又会因伤根过多而影响成活。

豆类蔬菜幼苗因根的再生能力较差，侧根少，宜在第1对真叶长出，第3片真叶（复叶）尚未充分展开时定植。

瓜类蔬菜幼苗根的再生力也弱，且叶面积增长速度快，应在幼苗长出3~4片真叶时及时定植，定植过晚其地上部或地下部都易受损伤。

茄果类蔬菜幼苗根的再生力

强，适合移栽的时期较长，一般可在长有4~5片真叶时定植，但应避免过晚移栽，例如，为了提早上市进行带花、带果定植，移栽后极易造成落花、落果，同时由于幼苗在苗钵时间过长，也易引起根系老化而导致植株早衰，对于提高早期产量和总产量并无助益。

生产上有时也按幼苗从播种至成苗的日历苗龄来计算和安排蔬菜适宜定植期。但育苗所需天数易受温度等育苗环境条件的影响，因此，日历苗龄与幼苗成苗的大小，不一定能完全相应，故只能是一个大致的日期范围。若在保护地育苗设施中进行冬春育苗的喜温果菜类蔬菜，从播种至幼苗成苗，一般需经40~55天的苗龄，但在露地进行夏季育苗时通常只需 20~30 天即可。

定植时的气候条件

蔬菜适宜定植期与外界气候状

况以及蔬菜本身对温度的要求密切相关。华北地区大致有几个蔬菜定植比较集中的高峰时期（具体定植时间见第四章）。

春分节气前后	"惊蛰一犁土，春分地气通"，露地春茬蔬菜一般最早定植的是较耐寒的洋葱、莴笋、油菜、芹菜、结球甘蓝、花椰菜等蔬菜，时间大致在春分节前后（3月中下旬），正值土壤完全化冻，10 cm 土层地温回升到 6~8℃时。
谷雨节气前后	"谷雨前后，种瓜点豆"，露地春茬蔬菜中继较耐寒的种类定植之后，接着是喜温的菜豆、豇豆等豆类，以及番茄、茄子、辣（甜）椒等茄果类和黄瓜、冬瓜等瓜类蔬菜，时间大致在谷雨节前后（4下旬至5月初），期间正值晚霜已过，10 cm 土层地温回升稳定在 12℃以上时。
小满至夏至节气前后	露地夏茬蔬菜一般都在晚春定植，例如苋菜、落葵（木耳菜）等耐热绿叶菜，夏番茄、夏茄子、夏冬瓜等喜温果菜类蔬菜以及大葱等，时间多在小满节（5月下旬）至夏至节前后（6月下旬）。
立秋前后、处暑至白露节前	露地秋茬蔬菜则多在晚夏或早秋定植，例如秋结球甘蓝、花椰菜、大白菜、秋冬萝卜、根芥菜、秋芹菜等则常在立秋前后（7月下旬至8月上旬）定植；秋莴笋、白菜（小油菜）等耐寒绿叶蔬菜则多在处暑至白露节前（8月底9月初）定植。

此外，还应注意在早春时节，宜选择晴天无风天气定植，晴天土温高，有利于移栽后幼苗缓苗，阴雨天及刮风天一般不宜栽苗。但在夏秋炎热高温时节，为了减少植株地上部的蒸腾，避免烈日暴晒，则宜在阴天或傍晚时栽苗。

定植方法

定植时采用哪一种畦式，开沟还是挖穴栽植，应按照蔬菜的种类、定植季节等具体条件定。要求株行距较大、适宜稀植的蔬菜以及要求株行距较小、适宜密植的蔬菜一般都可采用平畦或小高畦穴栽；

但要求行距较大，在生长期间需进行培土的蔬菜则多采取开沟栽植；生产上为提高地温，加速缓苗，早春定植的蔬菜也常采用沟栽；而夏秋季或秋季栽培蔬菜为了防涝，则多采用瓦垄畦、小高畦穴栽或起垄穴栽。

宽畦穴栽 "黄瓜露坨，茄子没脖"，在平畦、小高畦或瓦垄畦上按预定的行距和株距挖穴栽苗，然后覆土，稍加压平。作业操作时注意运苗、取苗应轻拿轻放，不散坨、不伤根、不伤苗，栽植行要取直，株距要均匀，栽苗深度要一致，但瓜类蔬菜可稍浅（稍露土坨），茄果类蔬菜宜稍深（稍没土坨）。此外，在栽植密度较大时为合理利用空间可采取两行幼苗错开栽植。采用穴栽定植，定植水一般都需"浇明水"，即先栽苗后浇水，"浇明水"通常浇水量较大，水后土壤易板结，不利于提高土温和加速缓苗。

特点：宽畦穴栽应用比较广泛，但作业操作技术要求较高，且较费时、费事、费工。

垄背穴栽 在按预定行距起好垄上，于垄背或近垄顶的垄侧，按株距挖穴栽苗，然后在沟内"浇明水"洇苗。作业操作时应注意垄背平直，背面土壤细碎、无大土块，

浇水时不串垄。

特点：由于垄背穴栽排灌方便，不易受涝，作业也较省事、省工，故一般多用于夏秋多雨季节的蔬菜定植。

沟栽 多在气候干燥、土温较低的早春季节，用于春茬蔬菜的定植。

按定植水与栽苗措施的不同，又可分为浇暗水和水稳苗两种沟栽方法。

浇暗水 即在依预定行距提前开好的定植沟底，按株距摆苗或挖浅穴栽苗，然后在沟内浇小水，待水渗下后再覆土、封沟，将定植水掩埋在覆土之下，俗称"浇暗水"。操作时要求沟直、底平，栽苗深浅一致，浇水不串沟。

- -

特点：采用"浇暗水"沟栽。有利于保持土温、减少水分蒸发，并能促进定植后幼苗加速缓苗。

- -

水稳苗 即在依预定行距提前开好的定植沟中，逐沟进行浇水，在沟水尚未渗下时，按株距随水按苗，将幼苗土坨按入沟底泥土中，待水渗下后再覆土、封沟，俗称为"水稳苗"。作业操作时要求沟直、底平、垄背较宽，浇水不串沟，水

后能站脚进行作业操作。

特点：采用"水稳苗"沟栽，能使幼苗所带土坨和沟中土壤良好的融合，移栽后具有更好的缓苗效果。但作业操作时要求定植沟开挖质量较高，且作业时间比较紧凑，需要较多人工在水渗下前逐沟、及时完成按苗操作。

定植密度

适当密植有利于提高单位面积产量和品质，适宜的种植密度常取决于种植蔬菜的种类、品种，种植地块的土壤肥力、灌溉条件，种植季节的气候条件，种植的方式等多种因素。

植株高大的蔬菜种类和晚熟品种一般适于稀植，反之适于密植；土地肥沃、灌溉条件好的地块适宜种得稍稀些，反之则适宜稍密些。

同一种类、品种蔬菜，春季种植可比秋季种植种得稍稀些。

保护地种植可比露地种植种得稍密一些。

搭架种植可比地爬种植种得密一些。

各种蔬菜的具体种植密度本册子将在各种蔬菜种植技术要点中逐一加以说明。

5 浇水与排水

浇水

育苗蔬菜幼苗移栽后应随即浇一次水俗称"定植水"，定植水要浇透，此后不待土壤完全干裂应紧跟着浇第二次水，俗称"缓苗水"，这两次水对促进缓苗起关键作用。缓苗水后应及时进行中耕，尤其是早春定植的蔬菜，对提高土温、保湿，加速缓苗有良好的效果。

蔬菜的浇水量、浇水次数和浇水时间与不同蔬菜种类的需水特性、种植季节，以及气候条件、土壤质地和浇水方法等密切相关。

浇水量、浇水次数 一般来说，植株高大、叶片宽阔、叶面蒸腾量大的蔬菜耗水量大，其需水量也大、需要浇水次数也多；

反之，植株矮小、叶片窄细，密布蜡粉或茸毛，叶面蒸腾量小的蔬菜耗水量小其需水量也小，需要浇水次数就少。

另外，根系浅，吸收能力弱的蔬菜需要经常供水；反之，根系深、吸收能力强的蔬菜耐旱能力就强。

还有，若种植地块土壤偏沙性、保水性差、气候又较干旱时则浇水量需大些，需要浇水次数也多，反之，土壤偏黏性、保水性好，天气又多雨时则浇水量可小些，需要浇水次数也减少。

根据经验，蔬菜的浇水量一般可掌握在畦面有水层33mm（小水）、66mm（中等水）或99mm（大水）时止。

浇水时间 蔬菜浇水的适宜时间应考虑植株状况、天气条件、土壤湿度。

通常，苗期和生长前期，因植株较小，需水量不大，浇水也少，多采取中耕、覆盖等措施进行土壤保墒；

进入长秧期和开花坐果（荚）期，为避免植株徒长，促进产品器官及早形成，既需要浇水、又要适当进行控水"蹲苗"；

进入结果期或产品器官形成期，因植株需水量猛增，应充分供水，需增加浇水量和浇水次数，促进果实或产品器官迅速膨大；

对于一次性收获果实的蔬菜，则应在产品收获前3~7天停止浇水。

此外，在具体确定适宜浇水时间时，还应考虑当时的天气（晴雨）、土壤（干湿）和植株的表现（生长点部位节间、叶色）等；如出现天气久晴，土壤表面开始板结、干裂，植株叶色深绿，生长点部位节间缩短，甚至出现"花打顶"，中午叶片表现轻微萎蔫时，即应及时进行浇水。

天气炎热的夏季，一般应早、晚浇水；秋、冬季冷凉时应尽量在温度相对较高的中午和下午浇水。

浇水方法　农田小菜园浇水一般都采用地面灌溉，多进行畦灌（平畦、瓦垄畦）、沟灌（沟畦、高垄）或浸（洇）灌（小高畦）。地面灌溉比较简便，只需从水井（河、塘）抽水、并通过渠道和灌水垄沟（灌水毛渠）进入畦中即可。但地面灌溉要求畦、沟长度保持在5~10m，沙质土可短一些，黏质土宜长一些，沟可比畦可长一些，高畦比平畦可短一些。此外，要求灌水沟渠稍有坡降，以便顺利过水。

地面灌溉的设备投资低，耗能少，对水质的要求不很严格。但土地利用率、灌溉功效较低，要求整地质量高，且劳动强度大，浇水后还容易造成土壤板结。

除进行地面灌溉外，有条件的农田小菜园也可采用灌溉效率高、功效好、省工省力的喷灌和微灌（滴灌、微喷灌）等现代灌溉技术。此外，还可由小水泵抽水（或用自来水），用水管喷浇或将水引入田间，然后用水杓逐棵泼浇。

排水

为防止蔬菜受雨涝危害，必须在整地时设置好排水出路和田间排水沟。菜田主要通过明沟排水。田间排水沟（排水毛沟）多与灌水垄沟（灌水毛渠）相对应，可一扇（地）一排或两扇（地）一排，排水沟沟底需低于畦面4~8cm，且应保持有0.005°左右的坡降。在雨季时，应注意提前疏通好排水沟，做到沟沟相通，随下雨随排水，暴雨过后田间无积水。

追肥

　　追肥多在蔬菜生长期间施入，是对基肥的一种补充。追肥应根据不同蔬菜种类、不同生育期的需肥特点，适时、适量、分期施入。通常对肥料吸收量大的喜肥蔬菜可施入较多肥量；对根系吸肥能力弱的蔬菜则需要少量勤施；对较耐贫瘠的蔬菜，为获得高产仍应适当进行追肥。

追肥时期

　　在生长前期一般不需追肥，但若底肥不足、秧苗有缺肥表现、生长较柔弱，则也可适当少量追肥（提苗肥）；重点追肥多赶在蔬菜吸肥量最大的时期进行，如茄果类、瓜类蔬菜在进入结果期后；大白菜、结球甘蓝在开始结球后；根菜类蔬菜在肉质根进入肥大期后。追肥一定要掌握好时间和肥量，过早、过量追肥易引起植株疯长，反而导致蔬菜延迟成熟和减产。

追肥种类和追肥量

　　追肥多施用速效性氮、钾肥和少量磷肥，每次追肥量不宜过多。如每亩每次一般可施入硫酸钾型（15：15：15）氮磷钾三元复合肥7.5~20kg，硫酸铵7.5~10kg（提苗肥）或15~20kg，尿素5kg

（提苗肥）或7.5~10kg、碳酸氢铵15~25kg或各种商品冲施肥十几千克至几十千克等。还可施入腐熟饼肥和脱臭鸡粪等商品有机肥40~75kg，但必须在植株周围或行株间采用挖穴刨坨或开沟进行掩埋并于当日浇水，俗称"揽肥"。如基肥不足，也可在早期追施肥效较长的有机肥。

　　提示："揽肥"一般都在蹲苗前进行，忌在植株过大时"揽肥"！还要注意肥料要细碎、要充分腐熟！开沟挖穴不要离植株太近，以避免烧苗！

追肥方法和次数

　　一般可随水进行追灌（冲施肥必须随水追灌），随着浇水将肥料溶入水中，但应注意准确掌握施肥量；

撒施的，将肥料均匀撒在畦面，注意离植株不要太近，不要撒在叶面尤其是心叶上，最好在下午无露水时进行。

硫酸钾型（15：15：15）氮磷钾三元复合肥和碳酸氢铵因不易溶化，容易挥发，最好进行沟施或穴施，将肥料撒于浅沟或浅穴内，然后覆土、浇水。

提示：注意撒完后随即浇水。

追肥可分多次进行，少则2~3次，多则5~6次，次数多少主要取决于蔬菜的长势、生长期或采收期的长短等。

生长期较短、一次性收获的白菜（小油菜）、小白菜、茼蒿等绿叶菜类蔬菜，一般只在进入迅速生长时追一次肥即可，若底肥充足、长势良好也可不施追肥；

生长期较长，多次收获的茄果类、瓜类、豆类等蔬菜则需多次追肥。

此外，追肥还可采用叶面喷肥，也即根外追肥。将肥料溶于清水中，再用喷雾器喷布于叶面。生产上常用0.2%~0.3%的尿素或1%~2%的过磷酸钙在蔬菜生长的中后期进行根外追肥，作为追肥的一种补充。

提示：叶面喷肥应注意不要在雨天和晴天中午进行，并应准确掌握肥料浓度，以免出现肥害！

典型蔬菜需肥特性

果菜类蔬菜	1. 要求较多而全面的营养 2. 容易出现营养失调的各种症状，如黄瓜容易因为营养不良形成弯形瓜。
绿叶菜类蔬菜	绿叶菜类在生长过程中，除需要足够量的氮素外，同时也需要一定比例的磷和钾，这样才能获得高产、优质的蔬菜。
豆类蔬菜	豆类蔬菜吸钾量比较低，而吸磷量偏高。
花菜类蔬菜	硼、钼等微量元素是不可缺少的元素。在缺硼的条件下，花椰菜生长点萎缩，叶缘弯曲，叶柄发生小裂纹，花枝内呈空洞状，花球膨大不良。在酸性土壤上，容易出现缺钼症，典型症状为酒杯状叶、鞭形叶，且植株矮化，花球膨大不良，产量及品质下降。

7 中耕、除草、培土

中耕

中耕时期和作用 在下雨或浇水后进行中耕松土，对消除土面板结、增加土壤透气性、提高土温、切断土壤毛细管、减少水分蒸发，促进蔬菜生长起着重要作用。

蔬菜定植浇水后进行中耕松土能有效地促进幼苗发根、加速缓苗；蔬菜"蹲苗"时进行中耕能有效控制植株疯长，促进坐果和产品器官的形成。

其他时间的中耕松土一般都与间苗、定苗、追肥和浇水、覆土等作业结合进行，主要能起到护苗，除草，保墒、培土、有效施肥等作用。

中耕深浅 由于不同种类蔬菜根系的再生能力不同，因此中耕的深浅也有所差异。例如番茄根的再生能力强，根系损伤后容易发生新根，中耕时可耕得稍深一些；

黄瓜、葱蒜类等蔬菜根系较浅，根受伤后再生能力弱，中耕时宜耕得浅一些。

此外，小苗时中耕宜浅些，秧苗较大时可稍深一些；

另外，株行距小的蔬菜中耕应浅些，株行距大的可深些。

一般中耕深度为 3~6cm，最深为 9cm 左右。为避免过度伤根，在中耕到植株附近时要注意耕得浅一些。

中耕次数 中耕的次数需根据蔬菜种类的不同、生长期的长短及土壤性质的差异而定。

例如生长期长的蔬菜中耕次数就较多，反之则少；

沙质土壤、保水性较差的地块浇水次数多、则中耕次数也多，反之则少；

但中耕一般都只在植株封垄前进行。

作业操作要求 由于蔬菜种植的密度较大，故中耕时多采用作业操作较灵便的小型工具如挠子、手锄等，但沟栽或垄栽的蔬菜作业时也可采用大锄，种植面积较大的小菜园还可采用畜力或机械中耕，以提高工作效率。中耕时要注意耕透、耕到，不动土坨、不伤苗，并将杂草除净，畦作的要同时进行拢土护苗、垄作的要同时进行拢土培埂。

除草

在一般情况下，杂草的生长速度远远超过栽培作物，而且其生命力极强，如不加以人为的限制，很快就会影响蔬菜的生长。

杂草除了夺取蔬菜生长所需要的水分、养分和阳光外，还常常是病虫害潜伏的场所。许多病虫是在杂草丛中潜伏过冬，如十字花科蔬菜的猿叶虫和黄条跳甲。杂草也是某些蔬菜病害的传播媒介，十字花科的许多杂草，就是滋长白菜根腐病和白锈病病菌的场所。此外，还有一些寄生性的杂草，能直接吸收蔬菜作物体内的养料。因此，防除杂草市农业生产上的重要问题。

杂草的种子数量多，发芽能力强，甚至能在土壤中保存数年后仍有发芽能力。因此，除草应在杂草幼小而生长较弱的时候进行，才能有较好的效果。

除草的方法主要有三种，即人工、机械和化学除草。人工的方法是利用小锄头或其他工具，老动强度大，效率低，但质量高。

机械除草比人工除草效率高，但只能解决行间的除草，株间的杂草因与苗距离近，容易伤苗，还得用人工除草作为辅助措施。

化学除草是利用农药等来防除杂草，方法简便，效率高，可以杀死行间和株间的杂草。但必须要选择低毒、高效而有选择性的除草剂。目前，蔬菜作物化学除草主要是在播种后出苗前，或在苗期使用除草剂，用以杀死杂草幼苗或幼芽。对多年生的宿根性杂草，应在整地时把根茎清除，否则在蔬菜生长期内防除就会很困难！

培土

培土一般都结合中耕进行，将行间的土壤分次培覆于植株的根部，形成较高的垄背。茄子等容易倒伏的蔬菜，马铃薯、生姜等产品器官生长在地下的蔬菜以及韭菜、大葱等需要软化的蔬菜，大多需要培土。培土多在生长前期进行，一般分 2~3 次完成，最后一次必须在植株封垄前完成，培土时应注意不过度伤根、不伤叶。培土后应随即浇水。

8 植株调整

整枝打杈、摘心（扪尖）

通过对蔬菜植株采取整枝打杈，摘心（扪尖），摘叶、束叶，保花保果，搭架、绑蔓等植株调整措施，使蔬菜自身的生长发育与其周围的栽培环境更加协调，从而为保证获得蔬菜产品的优质和丰产创造有利的条件；集中养分促进植株坐果和果实膨大。番茄一般多进行单干整枝，即留下主枝、去掉所有侧枝，留 3 穗或 5 穗果后"摘心"（扪尖），摘除顶芽；也可进行双干或三干整枝，分别保留主枝，再选留第一穗果下位的 1~2 个侧枝，去掉其余枝条，分别留足 2~3 穗果后摘心。黄瓜因多为主蔓结瓜品种，故整枝时需保留主蔓，去掉所有侧枝，茎蔓满架后摘心。整枝必须与蔬菜的分枝结果习性相适应，西瓜、甜瓜等多为子蔓、孙蔓结瓜品种，则应提早将主蔓或子蔓摘心，以促生子蔓和孙蔓，使植株及早坐果。

整枝应及时、彻底！最好在晴天午后进行！并避免操作后因下雨等因素引起伤口感染病害！

摘叶

在蔬菜生长后期，摘除植株基部的老叶、病叶，有利于减少植株营养消耗、改善田间通风、减轻病害。

摘叶一般都在植株封垄后，早期果即将收完时进行，番茄可摘去第一穗果以下的老叶，茄子多摘去门果以下的老叶，甜椒可摘去门椒以下的老叶。摘叶应适时、适度，若摘叶过早、过重，则将引起植株根系萎缩、养分供应失衡；反之，若摘叶过迟、过轻，则易影响植株营养物质积累，并将进一步影响其生长和产品器官形成。

束叶

多用于以花球或叶球为产品的花椰菜、大白菜等甘蓝类和白菜类蔬菜，可有效地提高品质。束叶可避免阳光对花椰菜和青花菜花球表面的暴晒，使花球保持良好的色泽和质地（花椰菜球面保持洁白、不发黄）；还可促使结球白菜叶球软化，并有利于防御霜冻。此外，束叶也能改善田间通风透光状况，有利于产品成熟。但束叶不宜过早进行。另外，在进行花椰菜束叶时，生产上也有改用作业操作更简单、更省事的"折叶"，将花球附近的一片大叶折倒并覆盖在花球上。

保花保果、对花授粉

茄果类、瓜类和豆类等蔬菜，在进入开花结果期后，如植株营养不足，又遇高温干旱、高温高湿或低温天气，均易影响授粉受精并引起落花落果。因此，生产上应采取增加水分养分供应，改善植株自身营养状况，创造适于授粉、受精的良好环境条件，控制营养生长过旺等措施进行保花保果。

也可采用人工辅助授粉。

番茄可采用震动授粉（敲击架杆或使用授粉器）。

南瓜、西瓜可采用对花，摘取当天开花的雄花，将雄花的雄蕊对准当天盛开雌花的柱头轻轻涂抹。

采用适宜的生长调节剂如防落素（25~30mg/L）喷花或涂抹进行保花保果。

绑蔓

蔓生或匍匐生长的蔬菜，除了一些有缠绕能力或具有卷须的种类外，在生长的过程中并不一定能按栽培要求向上攀附架材，因此需要人为地将茎蔓捆绑在架材上，以使植株能在各自的架位上直立向上生长，即"绑蔓"。绑蔓时应注意不要绑得过紧（最后一道除外），要调开花序，避免不让花果碰蹭架杆，不折损叶柄、茎蔓。绑蔓一般都采用人工作业，使用泡水干马蔺叶、或塑料绳捆绑，但有条件的小菜园也可采用绑蔓器作业。

压蔓

一般蔓性蔬菜作地爬栽培时，随着茎蔓的生长常将茎部和叶节按种植要求分次挖穴（扒垵）埋入土中，俗称"压蔓"，一般需压 2~3 道（次）。压蔓可使植株按种植时既定的爬向生长、田间分布均匀，利于充分受光，方便管理；同时在压蔓处可诱发不定根，能起到扩大根系吸收和固定防风等作用；此外压蔓还有控制茎叶生长的效果。压蔓时应注意埋土不能过浅、覆土后要稍加镇压，作业时不要碰折茎叶。

搭架

黄瓜、菜豆、山药和番茄等蔓性或匍匐生长的蔬菜，如不进行搭架栽培，任其爬地生长，则容易

扦架

①扦架 采用长50~66cm架材，单杆直插于植株一侧，不绑架头，靠畦头时可稍向里斜插。扦架多用于早熟番茄等蔬菜。

②三角架、四角架 采用长1.15m左右架材，插于植株一侧，每3根或4根为一组在近顶部绑架头，组成三角架或四角架，其上也可再绑一道横杆连接各架头使之成为整体，以提高牢固度和抗风能力。三角架或四角架多用于早熟小冬瓜、密植早熟黄瓜、番茄等蔬菜。

四角架

大人字架

小人字架

③人字架 用长2.3~2.65m架材，在植株外侧7~10cm处插架，两排杆两两相对为一组或编花后每4根为一组绑架头，畦头、畦尾各加斜插一根或两根（为3根或6根一组），其上也可再绑一道加固横杆，连接各架头。人字架多用于黄瓜、苦瓜、架豆、豇豆等瓜类、豆类以及山药、木耳菜等需爬高架的蔬菜。

④篱架（直篱架） 采用架材的长短可据具体需要而定。多采用直插，其上下适当位置再各绑一道横杆，必要时侧面可加支杆。篱架多用于地边地沿种植的扁豆等蔬菜。

⑤棚架 多采用长3m左右的粗竹竿或钢管作为支柱，并用粗竹竿作为四周檐檩，其上以适当间隔再横竖将细竹竿绑于檐檩，在蔬菜种植行的植株一侧再直插细竹竿。棚架多用田间凉棚或于房前屋后种植的南瓜、丝瓜、瓠瓜、蛇瓜等春种秋收生长期较长的爬架蔬菜。

直篱架

患病，且土地利用率低，产量不高。采用搭架栽培可更充分利用阳光，改善田间通风，减少病虫害发生，并有利于增加种植密度，提高产量。农田小菜园可根据各自的具体条件采用适宜的架式进行搭架栽培。架材可采用细竹竿、秫秸或树枝等（具体见上页图）。

进行插架作业操作时，要注意架杆应插入土中 7~13cm 深，要牢固、整齐，注意美观，绑架头高矮一致，不散架。此外，插架要及时，应在植株甩蔓前进行，不能在茎蔓缠秧后再插架。

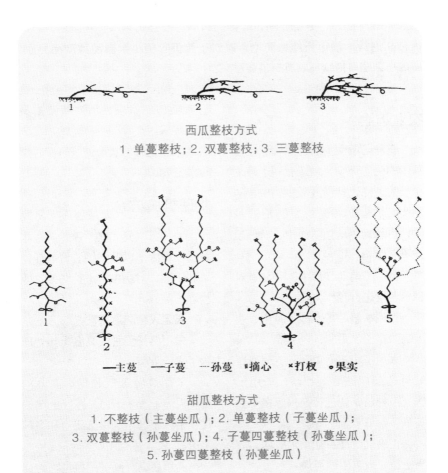

西瓜整枝方式
1.单蔓整枝；2.双蔓整枝；3.三蔓整枝

——主蔓 ——子蔓 ···孙蔓 ‖摘心 ×打杈 ○果实

甜瓜整枝方式
1.不整枝（主蔓坐瓜）；2.单蔓整枝（子蔓坐瓜）；
3.双蔓整枝（孙蔓坐瓜）；4.子蔓四蔓整枝（孙蔓坐瓜）；
5.孙蔓四蔓整枝（孙蔓坐瓜）

9 / 蔬菜病虫害预防与控制

　　不合理使用化学农药等，常严重影响蔬菜产品的食用安全，以至于人们一谈起蔬菜农药高残留就"谈虎色变"，这也成为人们为获取洁净产品热衷于自己种菜的理由之一。其实使用农药进行化学防治只是病虫害防治中的一部分，更重要的是应该同时通过农业防治、生物防治、物理机械防治等手段进行综合防治，这对于改善农田小菜园蔬菜产品品质，保障小菜园可持续发展具有重要意义。

农业防治

　　农业防治主要通过重视和改善菜田的生态环境，创造有利于蔬菜生长的条件，抑制或减少病虫害的发生。农业防治是综合防治的基础，可起到主动预防作用，对环境无不良影响。

　　在"产前"、"产中"要注意对种植地块进行轮作倒茬；

　　强调秋耕、冬季冻土晾垡、杀灭病菌孢子、虫卵；

　　采用抗病、耐虫品种，创造良好育苗条件、培育壮苗，选用无病、虫种苗，或进行换根嫁接（如黄瓜、西瓜）；

　　正确确定播种期、定植期，适当密植，改善田间通风。

　　进行科学施肥、浇水，及时进行其他田间管理，增强蔬菜本身抗性。

　　采收适时，货堆通气，及时进行清洁园田。

物理机械防治

　　利用温、光、电、声、射线等各种物理因子以及器械装置展开诱杀和阻隔，对病虫害进行防治，即物理防治。

高温灭菌防治病害

　　采用温汤浸种或高温干热处理种子进行灭菌；

　　采用高温蒸气和夏季高温闷棚（温室、塑料棚），进行土壤消毒，杀灭土壤中的根结线虫和多种害虫；

　　利用高温、高湿闷棚可防治黄瓜霜霉、白粉病、角斑病等多种病害。

诱杀和驱避

利用害虫趋光性，以黑光灯、双波灯、高压汞灯诱集夜出性害虫，并加以杀灭；

用黄板诱捕粉虱、蚜虫、潜叶蝇等害虫；用兰板诱杀蓟马类害虫；

利用银灰色遮阳网或银灰色地膜覆盖、张挂银灰色条状农膜，避拒有翅蚜虫、蓟马等传毒昆虫，可有效减轻病毒病的发生和为害。

人工防除

人工及时摘除蔬菜植株的初发病叶、果实或拔除中心病株，避免病原物进一步扩大蔓延，用人工摘除斜纹夜蛾卵块，利用害虫假死习性捕杀金龟子、马铃薯瓢虫等及时进行除草，阻断病虫害传染途径。

化学防治

应用各种化学农药直接杀灭病菌和害虫，即化学防治。化学防治杀灭作用快，防治效果好，施药方法多，使用简便，应用广泛。

注意事项：使用、保管不当，则易引起植株受药害，人畜中毒，污染环境和蔬菜产品，杀伤天敌或导致某些害虫产生抗药性，进而破坏生态平衡，引起其他害虫猖獗为害。

农药研制已向高效、低毒，对环境和天敌安全的方向发展，近年已有一些新型杀虫剂先后应用于生产，例如，噻嗪酮（扑虱灵）、氟啶脲（抑太保、定虫隆）、灭蝇胺、

黄板诱杀害虫

氟铃脲（盖虫散）、虫酰肼（米满）、吡虫啉（艾美乐、蚜虫净、康福多、大功臣）、阿克泰等。

使用农药时必须坚守下述原则：

• 严格遵守国家规定，在蔬菜生产上禁用剧毒、高毒、高残留和具有致癌、致畸、致突变作用的农药；

• 根据防治对象选用高效、低毒、对环境安全的药剂；

• 仔细阅读农药说明书，准确掌握施药适期、用药方法、用药量、药液浓度和用药次数；

• 严格执行安全间隔期（最后一次施药距采收的天数），减少蔬菜产品农药残留，以保证安全达标；

• 最好轮换使用机制和作用不同的农药，以避免病原菌或害虫很快产生抗药性。

生物防治

利用有益生物及其代谢产物和基因产品进行病虫害防治。生物防治是综合防治的重要组成部分，对人畜和天敌都很安全，且不会对环境和蔬菜产品造成污染，很值得提倡应用。

以菌治虫 即以病原微生物及其代谢产物防治害虫。

例如用细菌制剂苏云金芽孢杆菌（Bt）防治菜青虫、小菜蛾等食叶害虫；用农用抗生素阿维菌素制剂防治小菜蛾、斑潜蝇、害螨及蚜虫等；用多杀菌素防治小菜蛾，用浏阳霉素防治瓜类、豆类、茄果类蔬菜叶螨等，均有良好的防效。

以虫治虫 即以食虫昆虫防治害虫。

例如，用甘蓝夜蛾赤眼蜂防治番茄上的棉铃虫；用食蚜瘿蚊防治蚜虫等；用丽蚜小蜂、浆角蚜小蜂防治温室白粉虱、烟粉虱；

用小黑瓢虫防治烟粉虱等，均有很好的防效。

以菌治病 即利用病原微生物及其代谢产物防治病害。

• 用特立克制剂（木霉真菌）防治蔬菜灰霉病和早疫病等；用菜丰宁（芽孢杆菌细菌制剂）防治白菜软腐病；

• 用农用抗生素新植霉菌和农用链霉素防治角斑病、软腐病等细菌性病害；

• 用抗霉菌素防治白粉病、炭疽病、叶霉病等，均取得了良好的防效；

• 武夷霉素防治软腐病、黑星病等，也取得了较好的防效。

利用信息素和激素防治害虫
例如，利用性信息素防治小菜蛾、斜纹夜蛾和甜菜夜蛾，近年已开始广泛应用。

10 / 采收

合理、及时采收，有利于提高蔬菜产量，保持产品品质，降低贮、运期间损耗。一些蔬菜如辣（甜）椒、南瓜、冬瓜等，其商品成熟或老熟果都可供食，只是南瓜、冬瓜的老熟果更耐贮藏，因此，对采收成熟期的要求便不很严格。

但也有一些蔬菜如番茄等需根据用途，在不同时期进行采收（表7）。

表7　不同用途番茄的采收标准

用途	选择标准
采后需有较长贮运期	可在"白熟期"，即果顶变白绿色时采收
只需短期运贮	在"变色期"，即果顶显红色时采收
采后即食	可在果实基本变红、但果肉尚硬的生理成熟初期采收
用于加工或采种	应在果实全部变红，果肉开始变软的生理成熟完熟期采收

此外，蔬菜采收可分一次性收获和多次收获两类，例如，大白菜、萝卜、结球甘蓝、莴笋、洋葱、大蒜、大葱等成熟期较一致的蔬菜一般都一次性采收。

番茄、黄瓜、菜豆等茄果类、瓜类和豆类等连续结果的蔬菜，以及不断生长茎叶的大架落葵、蕹菜等则需行多次收获。

而对于大多数收获期不很严格的菠菜、小油菜、小白菜、苋菜、茼蒿、生菜等绿叶蔬菜则既可行一次性收获，也可行间拔或分片、分批、分期多次收获。

但在具体确定蔬菜是否适宜采收时，则应首先准确把握产品器官在达到商品成熟（或生理成熟）时的感观表现（表8）。

其次，采收还要考虑外界气候条件，例如，春季栽培的马铃薯、大蒜、洋葱等应在高温雨季节到来前采收完毕；晚秋采收的芹菜、菠菜、大白菜等，应在严重霜冻天气到来前采收完毕。采收一般应在晴天早晨或傍晚气温和蔬菜体温较低时进行。忌避在雨天采收。再次，采收还要根据实际需要和市场需求灵活地来调节作业的具体时间。

表 8　不同种类蔬菜的采收建议

类别	采收建议
黄瓜	果实表面已显明亮浓绿而未显黄色前。
南瓜	果皮发生白粉并硬化,颜色由绿色变为黄色或红色时(生理成熟)。
冬瓜	果柄周围出现一圈蜡质白粉时或果皮上茸毛消失、整体出现蜡质白粉时(生理成熟)。
丝瓜	果梗光滑稍变色、茸毛减少时。
西瓜、甜瓜	充分成熟,果面具光泽、用手指弹瓜发出闷响时采收(生理成熟)。
辣(甜)椒	鲜食椒在果实充分膨大,皮色转浓,果皮坚硬而有光泽的绿熟时,加工用辣椒在充分红熟时(生理成熟)。
茄子	果实鲜亮而具光泽,萼片与果面间绿白色新生带由宽变窄或不明显时采摘。
菜豆、豇豆	嫩豆荚饱满,荚面刚显露种子突起时。
菜用大豆	豆粒饱满,豆荚尚青绿时。
嫩荚豌豆	嫩荚由暗绿变为亮绿色时采摘。
结球甘蓝	叶球颜色变淡绿时。
花椰菜	花球充分膨大,表面圆正,边缘尚未散开前采收。
马铃薯、芋头	地上茎叶大部分由黄绿色变为黄色时开始刨收。
洋葱	假茎基部变软开始倒伏,鳞茎外皮干燥时。
芋头	须根枯萎时刨收。
大白菜、萝卜	叶球和肉质根充分膨大时。
菜薹	花薹先端见初花时采收。

　　在进行采收作业时应注意尽力避免由于操作而损伤产品,以便保持良好的产品质量。

　　采收后应及时对产品进行必要的修整、清洗等处理,并做好蔬菜产品贮运前的各项准备工作。

第四章

各种蔬菜种植
技术要点

1 / 根菜类蔬菜

大萝卜

（中国萝卜、秋萝卜）

栽种难易指数 ★★☆☆

- **种植方式** 种子直播。
- **播种期** 春、秋种。7月下旬至8月上旬或3月下旬至4月上中旬。
- **播种方式** 垄播。
- **亩用种量** 500g。
- **行株距** （50~65）cm×（20~35）cm，春种可适当缩小行株距。
- **收获期** 10月上旬至10月中下旬或6月。
- **采收标准** 肉质根充分肥大时刨收。
- **亩产量** 3000~4500kg；春种产量低于秋种。
- **特性** 十字花科，二年生草本植物。异花授粉。以肉质根供食。属半耐寒性蔬菜，喜温和冷凉气候，发芽适温20~25℃，叶生长适温15~20℃，肉质根生长适温13~18℃。喜光。适宜在土层深厚、肥沃、疏松、排水良好的沙壤土上种植。
- **品种推荐** 心里美、满堂红，卞萝卜、大红袍，露八分，象牙白、石家庄白萝卜，卫青、潍县青、潍青4号等；以及剑白春萝卜、白玉春、天春大根，热白、夏浓早生3号、夏秋早生、春光白玉等。
- **栽培要点**
- 春种时一定要注意选用生长期短（45~70天）、抽薹晚、适于春播的品种，忌用陈年种子，播种不得过早，肥水管理应及时，否则易出现未熟抽薹而导致种植失败；
- 宜起垄播种，在垄背划浅沟、挖浅穴进行条播、短条播或穴播；
- 苗期应及时浇水，经常保持土壤湿润，以降低地温，避免病毒病发生，利于齐苗；
- 幼苗第一片真叶展开时、长有2~3片真叶时各进行1次间苗，5~6片真叶时定苗，并配合中耕浅锄、松土除草，促进幼苗生长；
- 直根"定橛、破肚"（直根直立开始膨大、撑破表皮）前应适当控制浇水，避免植株徒长；"定橛、破肚"后，植株即将封垄，肉质也将进入迅速膨大期，应开始加强肥水管理；

• 土质硬、有石子、移栽、伤根均易出现肉质根分叉或畸形，忽干忽湿易产生辣味、苦味和裂根；

• 要注意防治病毒病，萝卜霜霉病、软腐病、黑腐病以及蚜虫、菜螟、黄曲条跳甲等为害。

小提示　富含糖、维生素、纤维素等，还含有淀粉酶、芥子油及莱菔子素。萝卜味辛、甘，性温。可宽胸膈、降气祛痰、利二便。

小萝卜

（水萝卜、四季萝卜）

栽种难易指数 ★☆☆☆

• **种植方式**　种子直播。

• **播种期**　3~10月（收获前25天左右）。

• **播种方式**　平畦播种。

• **亩用种量**　1000~1500g。

• **行株距**　6~10cm见方。

• **收获期**　播种后20~30天。

• **采收标准**　肉质根中部直径有2~3cm时带叶拔收。

• **亩产量**　750~1500kg。

• **特性**　十字花科，二年生草本植物。异花授粉。以肉质根供食。为小型萝卜，多为扁圆形或长形，比大萝卜耐寒，适应性强，抽薹迟，生长期短。

• **品种推荐**　红元1、2号、京白1号、京彩1号、樱桃萝卜、扬花萝卜、五缨、六缨、寿光春等。

• **栽培要点**

• 小萝卜生长期短，施肥应以底肥

为主，一般不追肥；

• 宜平畦撒播或开小浅沟条播，沟距10cm左右；

• 齐苗前土壤应经常保持湿润，齐苗后适当浇水；如出苗较密，可进行间苗；

• 直根"定橛、破肚"前适当蹲苗，"定橛、破肚"后不误浇水；

• 可分次间拔陆续收获，但采收一定要及时，过迟易糠心、开裂；

• 要注意防治病毒病、霜霉病以及蚜虫、菜青虫（菜粉蝶）等为害。

小提示　同大萝卜。水分多，品质好，宜生食。

胡萝卜

栽种难易指数 ★★☆☆

- **种植方式** 种子直播。
- **播种期** 秋种，也可春种。春种3月中下旬，秋种7月上中旬。
- **播种方式** 多采用垄条播，春季可采用平畦撒播。
- **亩用种量** 撒播1000~1500g；条播700~1000g。
- **行株距** 垄条播（垄距50cm，播2行）25cm×（7~10）cm；平畦10cm见方。
- **收获期** 春种6月中下旬，秋种11月上旬。
- **采收标准** 植株外叶枯黄，心叶转呈黄绿色时刨收。
- **亩产量** 1500~2500kg。
- **特性** 伞形科，二年生草本植物。异花授粉。以肉质根供食。喜温和气候，地上部生长适温23~25℃，肉质根膨大适温13~18℃。喜光。适宜在土层深厚、疏松、肥沃排水良好的土壤上种植。
- **品种推荐** 京红五寸，红芯（1、2、5）号，改良夏优五寸，春红（1、2）号，新黑田五寸，手指胡萝卜等。
- **栽培要点**
- 为便于播种，应提前将种子刺毛搓去；
- 种子发芽慢，播后10~15天出土，出苗期间一定要保持土壤湿润；
- 幼苗出土、生长慢，田间易生杂草，要注意及时清除；
- 春季干旱宜采用平畦进行撒播；夏秋季多雨，应采用垄播，于垄背划浅沟条播，每垄播两行；
- 苗期酌情少浇水，幼苗长有2片真叶时及时间苗，避免徒长；肉质根迅速膨大时加强肥水管理；
- 春播不要过早，否则易出现未熟抽薹（肉质根未长成即抽薹开花），影响肉质根正常生长；
- 土质黏重、施氮肥过多、生长速度过快等都会引起胡萝卜侧根过分发达，表面就会隆起呈小瘤包状，并影响品质；
- 病虫害少发生。

小提示 除含有胡萝卜素外，还富含糖、淀粉和矿物质等。胡萝卜味甘、辛，性微温。可下气补中、利胸膈肠胃、安五藏，健食。

根芥菜
（芥菜疙瘩、大头芥）

栽种难易指数 ★★☆☆

- **种植方式** 以种子直播为主，也可育苗移栽。
- **播种期** 秋种。直播 7 月下旬至 8 月上旬，育苗 7 月。
- **播种方式** 直播采用垄播；育苗移栽采用露地荫棚苗床或营养钵、穴盘育苗。
- **亩用种量** 直播 250g；育苗移栽 50~75g。
- **定植期** 8 月中下旬至 9 月上旬（苗龄 30~35 天）。
- **定植方式** 垄栽。
- **行株距** （50~55）cm×（35~50）cm。
- **收获期** 10 月中下旬。
- **采收标准** 底叶开始枯黄，肉质根顶部由绿转黄时刨收。
- **亩产量** 1500~2500kg。
- **特性** 十字花科二年生草本植物。常异花授粉。以肉质根供食。喜冷凉、湿润，可耐短期轻霜冻，生长适温 12~20℃，但苗期要求稍高的温度。对光照要求不严，对土壤要求也不很严格。
- **品种推荐** 北京二道眉。
- **栽培要点**
- 多采用起垄条播或穴播，为了赶茬充分利用土地也可进行育苗移栽；
- 出苗期间应经常保持土壤湿润，苗期可适当浇水，降低地温，减少病毒病发生；
- 幼苗长有 2~4 片真叶时间苗一两次，5~6 片真叶时定苗；
- 待气温稍低后要适当进行中耕蹲苗；
- 进入肉质根迅速膨大期后应经常浇水酌情追肥；
- 要注意防治病毒病、霜霉病以及蚜虫、黄条跳甲等为害。

小提示 具辛辣味，富含硫葡萄糖苷以及维生素、磷、钙等。其茎叶味辛，性温。可宣肺豁痰、温中开胃、利九窍、明耳目。

根恭菜

（紫菜头、红菜头）

栽种难易指数 ★★☆☆

• **种植方式** 种子直播，也可育苗移栽。

• **播种期** 秋种或春种。秋种 7 月上中旬，春种 4 月；育苗移栽提前 30~45 天播种。

• **播种方式** 直播采用垄播或平畦条播；育苗移栽春种采用温室苗床或营养钵、穴盘育苗，秋种采用露地荫棚苗床或营养钵、穴盘育苗。

• **亩用种量** 直播 1000~1500g，育苗移栽 250~350g。

• **定植期** 8 月上中旬。

• **定植方式** 垄栽或平畦栽植。

• **行株距** （40~50）cm×（15~20）cm。

• **收获期** 10 月初至 11 月上旬。

• **采收标准** 肉质根充分肥大，直径 3~4cm 时即可刨收。

• **亩产量** 1500~2000kg。

• **特性** 黎科二年生草本植物。异花授粉。以肉质根供食。喜冷凉、湿润气候，较耐寒，生长适温 12~26℃。喜光。最好在土层深厚、肥沃、疏松、排水良好的土壤上种植。

• **品种推荐** 紫菜头、平泉紫菜头、上海长圆种红菜头。

• 栽培要点

• 种子实为果实（聚合果），内含种子 2~3 粒，播前最好将其搓散，以免出苗不匀；

• 幼苗长有 1~2 片真叶时间一次苗，3~4 片真叶时定苗；

• 幼苗移栽后要浇一次定植水，几天后浇一次缓苗水，水后及时中耕；

• 肉质根膨大前要适当蹲苗，避免植株徒长；迅速膨大时应加强肥水管理；

• 肉质根充分肥大后，可根据市场需要陆续刨收；

• 较少发生病虫害。

小提示 含有糖、果胶、膳食纤维及少量的维生素 U。具有治吐泻，驱腹内寄生虫等功效。

芜菁

（蔓菁、盘菜）

栽种难易指数 ★★ ☆ ☆

- **种植方式** 种子直播。
- **播种期** 秋种，小型品种也可春夏季种植。秋种 7 月下旬至 8 月上旬，春种 3 月下旬至 4 月中旬。
- **播种方式** 垄播或平畦条播。
- **亩用种量** 250g 左右，小型品种可稍加量。
- **行株距** 大型品种 (33~50) cm ×(20~26) cm，小型品种 (26~33) cm ×（17~20）cm。
- **收获期** 10 月下至 11 月上旬。
- **采收标准** 肉质根充分膨大，叶色转淡时刨收。
- **亩产量** 1500~2000kg。
- **特性** 十字花科二年生草本植物。异花授粉。以肉质根、嫩叶供食。喜冷凉，稍耐寒，肉质根膨大最适温度 15~18℃。喜光。最好在较湿润的砂质壤土或壤土上种植，较耐酸性土壤，需要较多的磷、钾肥。
- **品种推荐** 紫芜菁、焦作芜菁、温州盘菜、菏泽芜菁、猪尾巴芜菁以及日本小芜菁等。
- **栽培要点**
- 基肥应加施磷、钾化肥，钾肥也

可在肉质根生长前期追施草木灰；
- 除起垄或平畦条播外，还可在畦埂上点种（穴播）与其他蔬菜进行间套作；
- 幼苗第一片真叶展开及长有 3~4 片真叶时，分别一次间苗，5~6 片真叶时定苗；
- 苗期若天气干旱，应注意适时浇水，保持土壤湿润，以降低地温，减轻病毒病的发生；
- 植株封垄前，应结合间苗和定苗进行中耕除草；
- 肉质根膨大前要适当进行蹲苗，肉质根膨大期，应加强肥水管理；
- 要注意防治病毒病以及蚜虫、菜螟、黄条跳甲等为害。

　　小提示 肉质根富含糖以及钙、铁等。根、叶味苦，性温。具有利五脏、轻身益气、开胃利润、解毒之功效。

芜菁甘蓝

（洋蔓菁、洋大头菜）

栽种难易指数 ★★☆☆

- **种植方式** 种子直播。
- **播种期** 秋种。7月下旬至8月上旬。
- **播种方式** 起垄或平畦条播。
- **亩用种量** 150~200g。
- **行株距** 垄播（60~66）cm×（26~33）cm，平畦40cm×（26~33）cm。
- **收获期** 10月下旬至11月上旬。
- **采收标准** 经霜后叶片变黄时刨收。
- **亩产量** 3000~4000kg。
- **特性** 十字花科二年生草本植物。异花授粉。以肉质根、供食。喜冷凉，耐寒，肉质根形成最适温度13~18℃。喜光。喜湿、又较耐旱。吸收能力强，耐肥，喜钾。最好在较湿润、土层深厚、肥沃、疏松的砂质壤土或壤土上种植。
- **品种推荐** 卜留克芜菁、坝上狗头、上海大头菜等。
- **栽培要点**
- 芜菁甘蓝产量高，耐肥，应多施底肥；
- 除起垄或平畦条播外，还可在畦埂上点种（穴播）与其他蔬菜进行间套作；
- 幼苗第一片真叶展开及长有3~4片真叶时各间一次苗，5~6片真叶时定苗；
- 齐苗前保持土壤湿润，此后应结合间苗和定苗酌情浇水，并进行中耕除草，最好在中耕松土后再进行一次培土；植株封垄前要适当进行蹲苗，避免叶丛徒长；
- 定苗后可追一次速效肥；肉质根膨大期，应加强肥水管理；
- 较少发生病害，但仍要注意防治蚜虫、菜青虫（菜粉蝶）、菜螟、黄条跳甲等为害。

小提示 肉质根干物质含量高。

根芹菜

栽种难易指数 ★ ★ ☆ ☆

- **种植方式** 育苗移栽。
- **播种期** 秋种，也可春种。定植前 80~90 天。
- **播种方式** 春种采用温室苗床或营养钵、穴盘育苗，秋种采用露地荫棚苗床或营养钵、穴盘育苗。
- **亩用种量** 50~100g 左右。
- **定植期** 秋种 8 月上旬，春种 4 月。
- **定植方式** 平畦栽植。
- **行株距** （30~40）cm×（25~35）cm。
- **收获期** 初夏（春种），初冬（秋种）。
- **采收标准** 肉质根直径达 6~7 cm 时开刨收。
- **亩产量** 1500~2500kg。
- **特性** 伞形科二年生草本植物。异花授粉。以肉质根供食。喜冷凉、湿润，肉质根膨大时要求较低的温度。喜光。最好在湿润、排水良好的砂质壤土或壤土上种植。
- **品种推荐** 根芹 1 号、荷兰百联、德国欧根。
- **栽培要点**
- 苗期较长，在幼苗长有 3~4 片真叶时，最好用营养钵分一次苗；
- 幼苗长有 7~8 片真叶时定植，移

栽时尽量少伤根；

- 育苗适宜温度，以掌握白天 17~20℃，不高于 25℃，夜间 12~15℃，不低于 10℃为宜；
- 生长前期，应结合浇水酌情追肥，肉质根膨大时要及时追肥，浇水；
- 要注意防治叶斑病、斑枯病、细菌性软腐病以及蚜虫、蓟马、白粉虱等为害。

- -

小提示 肉质根可作菜肴，还可作辛香调料，榨汁可供药用。

- -

2 / 白菜类蔬菜

大白菜

（结球白菜）

栽种难易指数 ★★★☆

- **种植方式**　种子直播或育苗移栽（春种一般采用育苗移栽）。
- **播种期**　秋种或春种。秋种：晚熟品种8月上旬（立秋前后3天），早熟品种7月中下旬至8月上旬，育苗移栽需提前2~3天播种；春种：定植前25~30天播种。
- **播种方式**　直播：采用起垄条播或穴播；育苗移栽：秋播采用露地苗床或营养钵、穴盘播种育苗，春播采用温室或塑料棚营养钵、穴盘播种育苗。
- **亩用种量**　直播150~250g，育苗移栽50g。
- **定植期**　秋种8月中下旬，春种3月底。
- **定植方式**　秋种垄栽，春种半垄栽植。
- **行株距**　晚熟品种60cm×67cm，早熟品种50cm×（33~37）cm。
- **收获期**　秋种晚熟品种10月下旬至11月上旬，早熟品种9月下

旬至10月下旬；春种5月底至6月上中旬。

- **采收标准**　秋季栽培在严霜前收获；春季栽培定植后50~60天收获。
- **亩产量**　秋种晚熟品种4000~7500kg，早熟品种4000~5000kg；春种2000~3000kg。
- **特性**　十字花科一、二年生草本植物。异花授粉。以叶球供食。喜温和气候，能耐短期 −2~0℃ 的低温，生长适温12~22℃，超过25℃不利叶球生长。喜光。喜湿，不耐干旱。要求土壤疏松、肥沃、湿润、排水良好的沙壤、壤土或轻黏土种植。
- **品种推荐**　秋种：中白48、北京小杂56（早熟），北京新3号、中白81、北京106、津秋707、秋绿80、吉红82、北京橘红心（中晚熟）等；春种：京春白、天正春白1号、春冠、春大将、春夏王等；小型娃娃菜：金春娃娃菜、金童娃

娃菜、金夏娃娃菜、夏娃等。

● 栽培要点

● 进行春种、秋种或进行小白菜、娃娃菜种植时，一定要注意分别采用适宜的对路品种，否则将会导致种植失败；

● 播种应适时，秋播过早易诱发病害，过晚则产量降低；春播过早易引起未熟抽薹，过晚易遇高温影响叶球正常生长；

● 秋季栽培苗期应注意浇水，可采取"三水齐苗五水定棵"小水勤浇等措施，以有效减轻病毒病的发生；

● 幼苗长有 2~3 片真叶及 4~5 片真叶时各间一次苗，7~8 片真叶时定苗（定棵）；

● 苗期应结合间苗、定苗和浇水进行中耕除草，定苗后要适当进行蹲苗；

● 包心后（9 月下旬）要注意勤浇水，及时追肥（追 2~3 次），以加速叶球生长，这对于春种大白菜遏制抽薹尤其重要；

● 也可作小白菜栽培，其种植技术与白菜（小油菜）类同，可采用速生 2 号（耐热）、京研快菜、子丰 518、郑白 886 等速生品种。

● 要注意防治病毒病、霜霉病、软腐病，蚜虫和菜青虫（菜粉蝶）为害。

小提示　叶球含碳水化合物、蛋白质、维生素及各种矿物盐。大白菜性温，味甘。可通利肠胃、除烦宽胸、消气下食、解酒渴。

普通白菜
（小油菜）

栽种难易指数 ★ ☆ ☆ ☆

● 种植方式　直播或育苗移栽。

● 播种期　春种或秋种。春种 3 月下旬至 4 月中旬，育苗移栽提前 40~50 天播种；秋种 8 月，育苗移栽提前 20~30 天播种。

● 播种方式　种子直播：采用撒播或密条播；育苗移栽：春种在温室、塑料棚中采用苗床或营养钵、穴盘播种育苗；秋种在露地采用荫棚苗床或营养钵、穴盘播种育苗。

- **亩用种量** 直播 1000~1250g，育苗移栽 100~150g。
- **定植期** 春种 4 月，秋种 9 月。
- **定植方式** 平畦栽植。
- **行株距** 直播可酌情间苗留适当株距，并陆续间拔上市；育苗移栽 26cm×20cm。
- **收获期** 春种 5 月下旬至 6 月上旬，秋种 10 月下旬至 11 月上旬。
- **采收标准** 播种后 50~60 天，
- **亩产量** 2500~3500kg。
- **特性** 十字花科二年生草本植物。异花授粉。以叶片供食。喜冷凉气候，较耐寒，在 -2~-3℃下，能安全越冬，生长适温 18~20℃，25℃以上的高温及干燥环境将引起生长不良。喜光，弱光下易徒长。喜湿，要求较大的土壤和空气湿度。对土壤的适应性较强，但以土质疏松，保水保肥力强的黏土或冲积土种植为最适。对氮肥敏感。
- **品种推荐** 京绿 3 号、国夏 2 号、京冠 1 号，五月慢、青帮油菜、白帮油菜等。
- **栽培要点**
- 冬春季育苗要注意防寒，苗期长时间低温易引起未熟抽薹；
- 秋种若种植时间较早、气温较高，为减少伤根染病，最好采用直播；
- 幼苗长有 2 片真叶和 3~4 片真叶

时，应分别间苗一次，并结合浇水进行除草或浅中耕；
- 采用育苗移栽者在幼苗定植后应连续浇两次水，水后及时中耕以促进缓苗；
- 生长期间要注意保持土壤湿润，在植株团棵后（直播者）或缓苗后（育苗移栽者）可适当追肥；
- 采用直播时，可分次、连续进行间拔采收；
- 要注意防治病毒病、霜霉病、软腐病以及蚜虫、菜青虫（菜粉蝶）等为害。

小提示 含膳食纤维、维生素和矿物盐。性温，味甘。可通利肠胃、除胸中烦、消气下食、解酒渴。

菜薹
（菜心）

栽种难易指数 ★★☆☆

- **种植方式** 早熟品种多采用直播，晚熟品种可直播也可育苗移栽。
- **播种期** 春种或秋种。春种 4 月下旬至 5 月下旬，秋种 7 月下旬至 9 月上旬，育苗移栽需提前 20~25 天播种。
- **播种方式** 春种：直播采用平畦

条播；秋种：直播采用平畦条播，育苗移栽采用荫棚苗床或营养钵、穴盘播种育苗。

• **亩用种量**　直播 250~300g，育苗移栽 50~75g。

• **定植期**　7 月中旬至 9 月初。

• **定植方式**　平畦栽植。

• **行株距**　早、中熟品种 15cm×10cm，晚熟品种 20cm×15cm。

• **收获期**　早熟品种播后 30~45 天，中熟品种 40~50 天收获，晚熟品种 45~55 天开始收获。

• **采收标准**　花薹与叶片高度相当，并有个别花蕾开花（齐口花）时采收花薹，在基部留 1~2 叶割下，也可整株一次采收。

• **亩产量**　早熟品种 500~1000kg，中晚熟品种 1000~2000kg。

• **特性**　十字花科一二年生草本植物。异花授粉。以嫩花薹、嫩叶供食。喜温，耐热。菜薹形成对适温的要求为 15~25℃，对日照长短和春化低温的要求不很严格，晚熟品种对春化低温要求稍严。喜湿、怕涝。

• **品种推荐**　四九 19 号、油绿 50 天和 80 天、50 天特青、绿宝 60 天、迟菜心 2 号、特青迟心 4 号等。

• **栽培要点**

• 春种宜采用早熟品种，秋种应采用中晚熟品种；选不对品种，可能导致不长花薹或植株矮小；

• 齐苗后要及时分次间苗，并结合浇水进行中耕除草；具 4~5 片真叶时定苗或进行移栽。

• 夏秋季节尤其要注意及时浇水和排涝，既应保持土壤湿润，又要避免田间积水；

• 植株现蕾抽薹时，可适当追肥；

• 晚熟品种主薹采收后要加强肥水管理，以促进侧芽生长，继续采收花薹（侧薹），提高产量；

• 要注意防治霜霉病、菌核病和蚜虫、菜青虫（菜粉蝶）、黄曲条跳甲等为害。

- -

　　小提示　含维生素、矿物盐和膳食纤维。性温，味甘。具有清热解毒、散血消肿、杀菌、降压、降血脂等功效。

- -

乌塌菜

（塌菜、塌棵菜）

栽种难易指数 ★ ★ ☆ ☆

- **种植方式** 种子直播或育苗移栽。
- **播种期** 秋种为主。一般在 8 月。
- **播种方式** 直播采用平畦撒播或密条播，育苗移栽采用荫棚苗床或穴盘播种育苗。
- **亩用种量** 直播 1000~1250g，育苗移栽 250g。
- **定植期** 8 月下旬至 9 月中旬。
- **定植方式** 平畦栽植。
- **行株距** 17~27cm 见方。
- **收获期** 10 月上中旬至 11 月上旬。
- **采收标准** 播后 50~60 天即可采收，又以经霜后采收品质最佳。
- **亩产量** 1000~1500kg。
- **特性** 二年生草本植物。异花授粉。以叶片供食。喜冷凉气候，较抗寒，不耐炎热，生长适温 18~22℃。喜光。喜湿。适宜在肥沃、保水保肥能力强的黏壤土上种植。
- **品种推荐** 常州乌塌菜，上海大八叶、小八叶、黑叶油塌菜，黑心瓢儿菜，徐州菊花心，黄心乌、黑心乌等。

- **栽培要点**
- 幼苗长有 1~2 片真叶和 3~4 片真叶时分别进行一次间苗，6 片真叶时定苗；
- 间苗应结合进行浇水，及时进行中耕松土和除草；
- 如基肥不足，定苗后或缓苗后可结合浇水适当追肥；
- 直播采取撒播者，可陆续间拔收获；
- 要注意防治霜霉病、软腐病及蚜虫、菜青虫（菜粉蝶）、黄曲条跳甲等为害。

小提示 富含维生素 C、膳食纤维等，经霜后可溶性糖含量增加。性温，味甘。其食疗功能同白菜（小油菜）。

紫菜薹
（红菜薹）

栽种难易指数 ★★☆☆

（引自《中国农作物及其
近缘野生植物》蔬菜卷）

- **种植方式** 育苗移栽。
- **播种期** 秋种。7月下旬至8月上旬。
- **播种方式** 露地荫棚苗床或营养钵、穴盘播种育苗。
- **亩用种量** 75g左右。
- **定植期** 8月下旬至9月上旬（播种后25~30天）。
- **定植方式** 平畦栽植。
- **行株距** 30cm×25cm。
- **收获期** 10月下旬至11月上旬。
- **采收标准** 薹高30cm左右，初花时采收。
- **亩产量** 1500~2000kg。
- **特性** 十字花科一二年生草本植物。异花授粉。以嫩花薹、嫩叶供食。喜温和气候，叶片生长适温20~25℃，10~15℃适于抽薹。早熟品种不耐寒，较耐热。喜光。喜湿、怕旱，不耐涝。对土壤的适应性较广，但以壤土或砂壤土种植为好。
- **品种推荐** 尖叶子红油菜薹、大股子、胭脂红、十月红1号、2号等。
- **栽培要点**
- 北方宜采用生长期较短的早熟或中早熟品种；
- 幼苗真叶展开后应分别进行2~3次间苗，定植时适宜苗龄25~30天。
- 定植后缓苗期和花薹生长期应及时浇水，保持土壤湿润，但也要注意排涝，并适当追肥；
- 主薹采收后还可继续采收侧薹；
- 要注意防治病毒病、霜霉病、软腐病以及蚜虫、小菜蛾、黄曲条跳甲等为害。

小提示 含碳水化合物、蛋白质、膳食纤维、维生素和多种矿物盐。

3 甘蓝类蔬菜

结球甘蓝

（洋白菜、包菜、卷心菜、莲花白）

栽种难易指数 ★★★☆

- **种植方式** 育苗移栽。
- **播种期** 春、秋种。春种 1 月上旬至 2 月上旬，秋种 6 月中下旬。
- **播种方式** 春种在温室、塑料棚中采用苗床或营养钵、穴盘播种育苗；秋种在露地采用荫棚苗床或营养钵、穴盘播种育苗。
- **亩用种量** 50~75g。
- **定植期** 春种 3 月下旬，秋种 7 月下旬至 8 月上旬。
- **定植方式** 春种多采用平畦栽植，秋种采用垄栽。
- **行株距** 早熟品种 30~40cm 见方，中熟品种以 50~60cm 见方，

晚熟品种 70~80cm 见方。
- **收获期** 春种 5 月下旬至 6 月（早熟品种上旬），秋种 10 月下旬至 11 月中下旬。
- **采收标准** 叶球紧实，充分膨大时采收。
- **亩产量** 春种 2000~6000kg，秋种 2500~3000kg。
- **特性** 十字花科二年生草本植物。异花授粉。以叶球供食。喜温和凉爽气候。幼苗能耐较短时间 −5~−3℃ 的低温，也能适应 25~30℃ 的高温。莲座叶可在 7~25℃ 下生长，叶球生长适温 13~18℃。对光照强度适应范围较宽。结球期喜土壤、空气湿润。对土壤适应性较强，宜在沙壤土至黏壤土上生长。喜肥、耐肥。
- **品种推荐** 春种：中甘 21 号、11 号，8398，津甘 8 号；秋种：中甘 17 号、8 号、9 号，晚丰等。
- **栽培要点**
- 选用品种时一定要注意熟性的早晚，以便采用相应的栽培管理

措施，春种品种还要求较耐未熟抽薹；

• 冬春育苗要注意防寒保温，幼苗具 3~4 片真叶时应分一次苗，也可不分苗（称子母苗）；

• 春种温室、塑料棚育苗，幼苗长有 6~7 片真叶时定植，适宜苗龄为 40~50 天或 70~80 天；秋种露地荫棚育苗幼苗定植适宜苗龄为 35~40 天；

• 春甘蓝定植前 7~10 天苗床要逐渐加强通风、降温，进行幼苗低温度锻炼；

• 定植后需连浇两次水，水后及时中耕，以促进缓苗；

• 莲座期（包心前）应适当蹲苗，以促进结球，进入叶球膨大期后需加强肥水管理；

• 育苗播种过早，冬前幼苗过大，苗床温度过低，遇倒春寒天气等，均易引起春种结球甘蓝的未熟抽薹；

• 要注意防治幼苗猝倒病、病毒病、黑腐病、软腐病、黑斑病等以及蚜虫、菜青虫（菜粉蝶）、小菜蛾等为害。

小提示 富含维生素 C 与矿物盐等。结球甘蓝性平，味甘。可益肾、利五脏六腑、利关节、解菇毒。

花椰菜

（花菜、菜花）

栽种难易指数 ★★★★

• **种植方式** 育苗移栽。

• **播种期** 春、秋种。春种 2 月上、中旬，秋种 6 月中下旬至 7 月上旬。

• **播种方式** 春种在温室、塑料棚中采用苗床或营养钵、穴盘播种育苗；秋种在露地采用荫棚苗床或营养钵、穴盘播种育苗。

• **亩用种量** 50~75g。

• **定植期** 春种 3 月下旬，秋种 7 月下旬至 8 月初。

• **定植方式** 春种多采用平畦栽植，秋种采用垄栽。

• **行株距** 一般 50~53cm 见方或 57cm × 40cm。

• **收获期** 春种 5 月中下旬至 6 月上中旬，秋种 9 月底至 10 月底。

• **采收标准** 花球紧实，充分膨大，圆正、洁白，花枝未散开时采收。

- **亩产量** 1500kg 左右。
- **特性** 十字花科一二年生草本植物。异花授粉。以花球供食。喜温湿气候，不耐长时间霜冻，怕炎热、干燥。花球生长适温 10~20℃。喜光。生长中后期需要较多磷、钾肥，最好在壤土或沙壤土上种植。
- **品种推荐** 中花 1 号，京研 45、50，夏欣 50 天、雪玉 65 天以及松不老 80（花枝松散类型）等。
- **栽培要点**
- 注意正确选用符合种植季节要求的品种；育苗管理可参考结球甘蓝；幼苗在长有 6~8 片叶真叶时定植；
- 定植应及时，过早易引起先期显球（长成小花球），过晚则后期易遇高温，均将影响产量和品质；
- 花球有茶盅大小时即应结束蹲苗，并加强肥水管理；
- 花球将长成时要及时折叶为花球遮荫，以免表面发黄影响品质；
- 秋种时还要注意防雨及时进行田间排涝；
- 要注意防治黑腐病、黑斑病和霜霉病以及菜蚜、菜蛾、菜青虫（菜粉蝶）等为害。

小提示 含碳水化合物，蛋白质，维生素 C 以及其他维生素和矿物盐等。

青花菜

栽种难易指数 ★★★★

- **种植方式** 育苗移栽。
- **播种期** 春、秋种。春种 2 月，秋种 6 月中下旬至 7 月上旬。
- **播种方式** 春种在温室、塑料棚中采用苗床或营养钵、穴盘播种育苗；秋种在露地采用荫棚苗床或营养钵、穴盘播种育苗。
- **亩用种量** 50g。
- **定植期** 春种 3 月下旬，秋种 7 月下旬至 8 月初。
- **定植方式** 春种多采用平畦栽植，秋种采用垄栽。
- **行株距** （40~60）cm×（40~50）cm。
- **收获期** 春种 5 月中下旬至 6 月初，秋种 9 月下旬至 10 月上中旬。
- **采收标准** 花球表面花蕾紧密、边缘花枝略显松散时及时采收。
- **亩产量** 1000~1500kg。
- **特性** 十字花科一二年生草本植

物。异花授粉。以花球供食。喜凉爽气候，生长适温 15~22℃。喜湿润、光照充足环境。对土壤要求不严，生长中后期要求追施磷、钾肥。

- **品种推荐** 中青 9 号（绿奇）、8 号，碧松、碧秋、哈依兹、南方彗星，绿丰等。

- **栽培要点**
- 育苗管理可参考结球甘蓝；幼苗长有 5~6 片真叶时定植，定植适宜苗龄春种 60~70 天，秋种 25~30 天；
- 定植后立即浇水，缓苗水后及时中耕。莲座期应适当控制浇水进行蹲苗，当花球直径达经 2~3cm 时结束蹲苗加强肥水管理；雨季时要注意防雨排涝；
- 花球适收期短，一定要及时采收，迟收易出现花枝抽生、花蕾过粗、开放，花球商品价值降低；
- 顶、侧花球兼收品种在主花球采收后，还可继续采收由侧芽长成的侧花球；
- 要注意防治立枯病、黑腐病、霜霉病和菌核病以及菜青虫（菜粉蝶）、小菜蛾、蚜虫等为害。

小提示 花球含碳水化合物，蛋白质，维生素 C、矿物盐等。

芥蓝
（白花芥蓝）

栽种难易指数★★☆☆

- **种植方式** 种子直播，也可育苗移栽。

- **播种期** 春、秋种。春种：直播 4 月中下旬，育苗移栽 3 月上旬；秋种：直播 7 月下旬至 8 月上旬，育苗移栽 6 月底至 7 月初。

- **播种方式** 直播采用平畦撒播或条播；育苗移栽春种在温室、塑料棚中采用苗床或营养钵、穴盘播种育苗，秋种在露地采用荫棚苗床或营养钵、穴盘播种育苗。

- **亩用种量** 直播 1000g 左右。育苗移栽 50~70g。

- **定植期** 春种 4 月下旬，秋种 8 月上中旬。

- **定植方式** 平畦栽植。

- **行株距** 早熟品种 13~16cm 见方，中、晚熟品种 18~20cm 或

20~30cm 见方。

- **收获期** 9~10 月。
- **采收标准** 薹高与基叶等相齐刚进入初花时（齐口花）采收。
- **亩产量** 1250~1750kg。
- **特性** 十字花科一二年生草本植物。异花授粉。以花薹及嫩叶供食。喜温和气候，叶片生长温度以 20℃最为有利，15℃则适于花薹形成，喜较大昼夜温差。喜光。喜湿润、不耐涝。对土壤的适应性较强，但以土层深厚、松软、肥沃、排水好、保水保肥能力强的沙壤土或壤土种植为好。
- **品种推荐** 细叶早芥蓝、柳叶早芥蓝、香港白花芥蓝、皱叶早芥蓝、早花芥蓝、登峰芥蓝、中花 13 号、迟花芥蓝等。
- **栽培要点**
- 育苗管理可参考结球甘蓝；
- 在长有 5 片真叶时定植，秋种幼苗定植适宜苗龄 25~35 天，春种 40~50 天；
- 秋种播种出苗或移植后，于高温季节可在畦面搭高 80~100 cm 的小平棚或小弓棚，覆盖遮阳网，避雨遮阴降温，以利幼苗生长；
- 生长期间应经常浇水，保持土壤湿润，花薹形成期要注意结合浇水进行追肥；
- 要注意防治幼苗猝倒病、病毒病、黑斑病、黑腐病、软腐病、以及菜青虫（菜粉蝶）、小菜蛾、蚜虫等为害。

小提示 含碳水化合物蛋白质、维生素 C 以及矿物盐等。

球茎甘蓝
（茎蓝）

栽种难易指数 ★★★☆

- **种植方式** 育苗移栽。
- **播种期** 春、秋种。春种 2 月上中旬，秋种 6 月下旬至 7 月初。
- **播种方式** 春种在温室、塑料棚中采用苗床或营养钵、穴盘播种育苗；秋种在露地采用荫棚苗床或营养钵、穴盘播种育苗。
- **亩用种量** 25~73g。
- **定植期** 春种 3 月下旬至 4 月上旬，秋种 7 月下旬至 8 月上旬。
- **定植方式** 垄栽或平畦栽植。
- **行株距** （33~40）cm ×（26~33）cm。

- **收获期** 春种 5 月中旬至 6 月上旬，秋种 10 月下旬至 11 月上旬。
- **采收标准** 球茎充分膨大，未硬化时收获。
- **亩产量** 2000~4000kg。
- **特性** 十字花科二年生草本植物。异花授粉。以肥大短缩球茎供食。喜温和、凉爽气候，生长适温 15~20℃，有较强的耐寒性和适应高温的能力。对光照适应性较强。在湿润、疏松、肥沃的黏壤土中易获得高产。
- **品种推荐** 早白茎蓝、青茎蓝、串茎蓝、河间茎蓝、紫茎蓝等。
- **栽培要点**
- 品种选用时要注意分清是小型还是大型品种，育苗可参考结球甘蓝；
- 定植适宜苗龄春种 50~60 天，秋种 30~40 天；
- 定植后要浇灌 1、2 次水，水后及时进行中耕除草；
- 缓苗后应适当进行蹲苗，至茎蓝长有酒盅大小时结束蹲苗加强肥水管理；
- 注意防治幼苗猝倒病、黑腐病、病毒病、软腐病、黑斑病以及菜青虫（菜粉蝶）、小菜蛾、蚜虫等为害。

小提示 含碳水化合物，维生素 C 以及粗蛋白等。

抱子甘蓝
（芽甘蓝、子持甘蓝）

栽种难易指数★★★☆

- **种植方式** 育苗移栽。
- **播种期** 春、秋种。春种 2 上中旬，秋种 6 月上中旬
- **播种方式** 春种在温室、塑料棚中采用苗床或营养钵、穴盘播种育苗，秋种在露地采用荫棚苗床或营养钵、穴盘播种育苗。
- **亩用种量** 约 25g。
- **定植期** 春种 3 月下旬至 4 月上旬，秋种 7 月下旬。

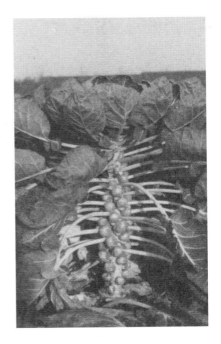

- **定植方式** 垄栽或平畦栽植。
- **行株距** （60~100）cm×（45~50）cm。
- **收获期** 春种 5 月下旬至 6 月下旬，秋种 10 月至 11 月上旬。
- **采收标准** 芽球直径有 4cm 大小时采收。
- **亩产量** 1000~1200kg。
- **特性** 十字花科二年生草本植物。异花授粉。以芽球供食。喜温和、凉爽气候，生长适温 18~22℃，不耐炎热。喜光。在高温、强光下芽球易松散。喜疏松肥沃的壤土或黏壤土。
- **品种推荐** 早生子持、王子、京引 1 号等。
- **栽培要点**
- 宜选用生长期短的品种；
- 育苗可参考结球甘蓝；
- 齐苗后幼苗具 2~3 片真叶展开时分苗，6~7 片真叶时定植，适宜苗龄 50~60 天；
- 应陆续及时采收，过迟，叶球易开裂，品质变粗硬，商品价值降低；
- 要注意防治黑腐病、病毒病、菌核病等以及菜青虫（菜青虫）、小菜蛾、甜菜夜蛾、蚜虫等为害。

　　小提示 富含维生素 C 等。

羽衣甘蓝

（绿叶甘蓝、叶牡丹）

栽种难易指数 ★★★☆

- **种植方式** 育苗移栽。
- **播种期** 春、秋种。春种 2 月上旬，秋种 6 月。
- **播种方式** 春种在温室、塑料棚中采用苗床或营养钵、穴盘播种育苗，秋种在露地采用荫棚苗床或营养钵、穴盘播种育苗。
- **亩用种量** 30g 左右。
- **定植期** 春种 3 月中下旬，秋种 7 月。
- **定植方式** 平畦栽植。
- **行株距** 45cm×40cm。
- **收获期** 春种 5 月上旬至 7 月上旬。秋种 9 月至 10 月底。
- **采收标准** 采摘植株中部的嫩叶；一般在叶长 12~15cm、叶缘皱褶尚未展开时收获。
- **亩产量** 500~1000kg。

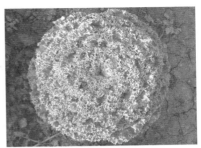

- **特性** 十字花科二年生或多年生草本植物。异花授粉。以嫩叶供食。喜温和、凉爽气候，生长适温20~25℃，成株耐寒、也较耐热。喜光。对土壤的适应性较广，但忌在低洼积水的土地上种植。
- **品种推荐** 菜用类型一般为绿色，如维塔萨、京研"开乐"、沃斯特等，观赏类型色泽艳丽多彩，如红牡丹、白牡丹、紫凤尾、白凤尾等。
- **栽培要点**
- 幼苗定植适宜苗龄30~40天，春种稍长；
- 定植后随即浇定植水，几天后再浇缓苗水，水后及时进行中耕松土；

- 植株迅速生长期注意不要缺水，同时要适当追肥，以增进产品品质；秋季气温降低、蒸发量少，可减少浇水；
- 收获时每次每株只采2~3片嫩叶，让植株持续保留4~5片功能叶，功能叶老化后应及时摘去；
- 要注意防治幼苗猝倒病、黑腐病、病毒病、软腐病、黑斑病以及菜青虫（菜粉蝶）、小菜蛾、蚜虫等为害。

小提示 富含蛋白质、维生素A、维生素B_2、维生素C以及钙、钾等矿物盐。

----

4 芥菜类蔬菜

雪里蕻

栽种难易指数 ★★☆☆

- **种植方式** 种子直播或育苗移栽。
- **播种期** 秋种。直播 8 月。育苗移栽 8 月上旬。
- **播种方式** 直播采用平畦撒播或条播；育苗移栽采用露地荫棚苗床或营养钵、穴盘播种育苗。
- **亩用种量** 直播 350~500g，育苗移栽 50~75g。
- **定植期** 8 月下旬。
- **定植方式** 平畦栽植。
- **行株距** 一般为 10~14cm 见方或（26~33）cm×（13~26）cm。
- **收获期** 10 月下旬至 11 月上旬。
- **采收标准** 播种后 30~60 天采收。
- **亩产量** 2000~2500kg。
- **特性** 十字花科一二年生草本植物。常异花授粉。以嫩植株供食。喜冷凉、湿润气候，生长适温 12~22℃。在日照充足时生长良好。较耐贫瘠的土壤，但以保水、排水良好的砂壤土和壤土种植为好。
- **品种推荐** 花叶雪里蕻、板叶雪里蕻，九头鸟等。
- **栽培要点**
- 夏秋荫棚育苗要注意防热排涝；
- 播种或育苗移栽较早时，种植株行距宜稀，相反则宜密；
- 进入收获期后，可根据市场需要陆续采收；
- 要注意防治病毒病、霜霉病以及蚜虫、黄曲条跳甲、菜蛾、菜螟等为害。

小提示 具辛辣味，富含硫葡萄糖苷以及维生素和磷、钙等矿物盐。芥菜茎叶性温，味辛。可宣肺豁痰、温中开胃、利九窍、明耳目。

大叶芥菜
（大叶芥、盖菜、大头青）

栽种难易指数 ★★☆☆

- **种植方式** 种子直播或育苗移栽。
- **播种期** 秋种。直播 8 月。育苗移栽 7 月下旬。
- **播种方式** 直播采用平畦撒播或密条播；育苗移栽采用露地荫棚苗床或营养钵、穴盘播种育苗。
- **亩用种量** 直播 400~500g，育苗移栽 150~250g。
- **亩产量** 2000~3000kg。
- **定植期** 8 月下旬至 9 月初。
- **定植方式** 平畦栽植。
- **行株距** 直播 13~20cm 见方，育苗移栽 33cm×27cm。
- **收获期** 10 月下旬。
- **采收标准** 植株叶片肥大，生长速度已减慢时采收。
- **特性** 十字花科一二年生草本植物。常异花授粉。以叶片供食。喜冷凉、湿润气候，生长适温 12~22℃。在日照充足时生长良好。较耐贫瘠的土壤，但以保水、排水良好的砂壤土和壤土种植为好。

- **品种推荐** 麻叶大头青、广东南凤芥等。
- **栽培要点**
- 夏秋荫棚育苗要注意防热、排涝；
- 直播者出苗前要注意连续浇水，保持畦面湿润，以利出苗；
- 苗期应及时除草；
- 进入收获期后，可根据市场需要陆续采收；
- 要注意防治病毒病、霜霉病以及蚜虫、黄曲条跳甲、菜蛾、菜螟等为害。

小提示 具辛辣味，富含硫葡萄糖苷以及维生素和磷、钙等矿物盐。芥菜茎叶性温，味辛。可宣肺豁痰、温中开胃、利九窍、明耳目。

结球芥

（包心芥）

栽种难易指数 ★★★☆

- **种植方式** 育苗移栽。
- **播种期** 春、秋种。春种 2 月，秋种 7 月。
- **播种方式** 春种在温室、塑料棚中采用苗床或营养钵、穴盘播种育苗；秋种在露地采用荫棚苗床或营养钵、穴盘播种育苗。
- **亩用种量** 50~100g。
- **定植期** 春种 3 月中旬至 4 月上旬，秋种 8 月。
- **定植方式** 平畦栽植。
- **行株距** （40~45）cm×（35~40）cm。
- **收获期** 春种 5 中下旬至 6 月中下旬，秋种 10~11 月收获。

- **采收标准** 叶球较紧实、直径达 10~12cm 时及时采收。
- **亩产量** 3000~4000kg。
- **特性** 十字花科一二年生草本植物。常异花授粉。以叶片供食。喜冷凉、湿润气候，生长适温 12~22℃。在日照充足时生长良好。以疏松肥沃、保水、排水良好的砂壤土和壤土种植为好。
- **品种推荐** 北京盖菜、包心大肉芥菜、厦门包心芥，大正 1 号、2 号，农友包心芥等。
- **栽培要点**
- 冬春育苗要注意防寒保温，夏秋荫棚育苗要注意防热排涝；
- 幼苗长有 4~6 片真叶时及时定植；
- 要注意防治病毒病、霜霉病、黑腐病以及蚜虫、斑潜蝇等为害。

小提示 具辛辣味，富含硫葡萄糖苷以及维生素、磷、钙等。芥菜茎叶性温，味辛。可宣肺豁痰、温中开胃、利九窍、明耳目。

5 绿叶菜类蔬菜

茎用莴苣
（莴笋）

栽种难易指数 ★★★☆

- **种植方式** 育苗移栽。
- **播种期** 春、秋种。春种 2 月上旬，秋种 7 月底至 8 月初。
- **播种方式** 春种在温室、塑料棚中采用苗床或营养钵、穴盘播种育苗；秋种在露地采用荫棚苗床或营养钵、穴盘播种育苗。
- **亩用种量** 150~250g。
- **定植期** 春种 3 月中下旬，秋种 8 月下旬至 9 月上旬。
- **定植方式** 平畦栽植。
- **行株距** （27~33）cm×（23~30）cm。
- **收获期** 春种 5 月底至 6 月，秋种 10 月下旬至 11 月上旬。
- **采收标准** 肉质茎充分肥大时收获。
- **产量** 1500~2500kg。
- **特性** 菊科一二年生草本植物。自花授粉，少数为异花授粉。以肉质茎供食。喜凉冷气候，幼苗期可耐 -6~-5℃ 的低温，茎、叶生长适温 11~18℃，不耐高温，日平均

温度在 24℃ 以上时易引起未熟抽薹。0℃ 以下低温易受冻。喜潮湿，忌干燥。喜中等光照。最好在排水良好，肥沃、疏松的沙质壤土上种植。

- **品种推荐** 花叶笋、北京紫叶笋、寿光柳叶笋、柳叶莴笋等。

- **栽培要点**

- 冬春育苗要注意防寒保温，秋季育苗宜用凉水浸种、低温（20℃）催芽，还要注意避暑防雨；春种定植适宜苗龄 40~50 天，秋种 25~30 天；

- 秋季种植定植时株距应比春季种植稍加大些；

- 定植后要注意适量浇水，水后中耕一两次，严防徒长窜苗（苗高茎细），同时应适当进行蹲苗，待莴笋基部膨大时再加强肥水管理；

- 注意防治叶枯病、软腐病以及小菜蛾、夜蛾与蚜虫等为害。

小提示 肉质茎富含铁和钾等矿物盐。莴苣性冷，味苦。有利五脏、通经脉、利气、强筋骨、通乳等功效。

叶用莴苣

（生菜，团叶生菜；不结球莴苣）

栽种难易指数 ★★☆☆

- **种植方式** 育苗移栽。
- **播种期** 春、秋种。春种 2 上中旬至 3 月下旬；秋种 7 月下旬至 8 月下旬。
- **播种方式** 春种在温室、塑料棚中采用苗床或营养钵、穴盘播种育苗，秋种在露地采用荫棚苗床或营养钵、穴盘播种育苗。
- **亩用种量** 20~30g，需 12~15m² 苗床。
- **定植期** 春种播种后 40~45 天，秋种播种后 25~30 天。
- **定植方式** 平畦栽植。
- **行株距** 30cm 或 25cm 见方。
- **收获期** 春种 5~7 月收获，秋种 10~11 上旬月收获。
- **采收标准** 不结球莴苣在叶片充分生长时，结球莴苣在叶球完全膨

大时收获。
- **亩产量** 不结球莴苣 1500~2000kg，结球莴苣 2000~3000kg。
- **特性** 菊科一二年生草本植物。自花授粉，少数为异花授粉。以叶片或叶球供食。喜凉冷气候，结球莴苣对温度的适应性较莴笋弱，既不耐寒又不耐热，结球期适温为 17~18℃，不结球莴苣则介于莴笋与结球莴苣之间。日平均温度在 24℃ 以上时，易引起未熟抽薹。喜潮湿，忌干燥。喜中等光照。最好在排水良好，肥沃、疏松的沙质壤土上种植。
- **品种推荐** 不结球生菜：生菜王、大速生（绿叶），紫生菜、红帆（紫叶），嫩绿奶油生菜、碧玉（半结球莴苣），软尾生菜（皱叶莴苣），登峰生菜（直立莴苣）等；结球生菜：京优、千胜、皇帝、萨林娜斯 88 等。
- **栽培要点**
- 要注意分清品种类型，正确选用

品种，春种宜选用早熟品种，秋种应采用抗热抗病品种；

● 育苗可参考莴笋栽培，幼苗长有5、6片真叶时定植；

● 不结球生菜叶片迅速生长时要及时浇水追肥；结球生菜在结球前应适当蹲苗，进入叶球膨大期后要加强肥水管理；

● 不结球生菜可根据市场需要陆续采收；结球生菜需及时采收，以免叶球开裂影响商品品质；

● 注意防治叶枯病、软腐病以及小菜蛾、夜蛾、蚜虫等为害。

- -
小提示 叶片含有较多胡萝卜素。莴苣性冷，味苦。有利五脏、通经脉、利气、强筋骨、通乳等功效。
- -

芹菜
（旱芹）

栽种难易指数 ★★☆☆

● **种植方式** 育苗移栽，春种也可直播。

● **播种期** 秋、春种。春种：育苗移栽2月上中旬至3月上旬，直播3月下旬至4月中旬；秋种：育苗移栽6月中下旬。

● **播种方式** 春种在温室、塑料棚中采用苗床或营养钵、穴盘播种育苗或露地直播（条播或穴播）；秋种在露地采用荫棚苗床或营养钵、穴盘播种育苗。

● **亩用种量** 50~100g，直播应适当加大用种量。

● **定植期** 春种3月底至4月下旬，秋种8月上中旬。

● **定植方式** 平畦移栽。

● **行株距** 本芹10~13cm见方，西芹26×23cm或40cm×（12~20）cm。

● **收获期** 春种5月底至6月或6月下旬至7月下旬（直播），秋种10月中旬至11月上旬。

● **采收标准** 收获期不很严格，可整株采收、间拔采收或掰叶分批采收。

● **亩产量** 3000~5000kg。

● **特性** 伞形科二年生草本植物，作一年生栽培。异花授粉。以叶柄、嫩叶供食。喜冷凉、湿润气候，生长最适温度白天23℃、夜间18℃左右，具较强耐寒性，不耐高温。喜湿。在高温干旱条件下易生长不良。较耐阴。根系浅，吸收能力弱，对土壤水分和养分要求较严格，适宜在肥沃、疏松、保水保肥力强的土壤中生长。

- **品种推荐** 本芹（叶柄较细的本地芹菜）：北京铁杆青（棒芹菜）、津南实心芹、实秆芹菜、玻璃脆等；西芹（叶柄宽厚的西洋芹菜）：佛罗里达683、高犹他52—70、文图拉、荷兰西芹等。

- **栽培要点**

- 夏季育苗要注意遮荫、避暑、防雨，宜用凉水浸种，置于冷凉处催芽；催芽适温20~22℃；

- 芹菜种子细小，播种时覆土切勿过厚；播种后45~60天，具3~5片真叶，苗高约10cm时即可定植；

- 芹菜喜湿，定植缓苗后应经常浇水保持土壤湿润；

- 芹菜根系浅，吸收能力弱，栽植密度又大，故应注意施足底肥，并在生长中后期适当进行追肥；

- 要注意防治叶斑病、斑枯病、细菌性软腐病、叶枯病、黄萎病以及蚜虫、南美斑潜蝇等为害。

小提示 含维生素C、维生素A、膳食纤维以及钙、铁等矿物盐，还含有挥发性芳香油，具特殊的香味。芹菜性凉，味辛、甘。具清热平肝、减压降脂、行瘀止带等功效。

菠菜
（菠棱菜）

栽种难易指数 ★★★☆

- **种植方式** 种子直播。

- **播种期** 越冬种植或春、秋种。越冬根茬9月下旬至10月上旬，埋头11月中下旬，春种3月上旬至4月上旬，秋种8月下旬至9月上旬。

- **播种方式** 露地撒播或密条播。

- **亩用种量** 4000~5000g。

- **行株距** （8~10）cm×（5~7）cm。

- **收获期** 根茬4月上旬至4月下

旬，埋头 4 月底至 5 月上旬，春种 5 月上中旬至 6 月，秋种 11 月中下旬。

- **采收标准** 一般株高 20cm 以上时便可间拔采收或分批收割。
- **亩产量** 1250~3000kg。
- **特性** 藜科一二年生草本植物。异花授粉。以嫩株供食。喜冷凉，耐寒性强，成株可耐 -10℃左右低温，种子发芽最适温度 15~20℃，日平均气温在 20~25℃时叶片生长最快。喜中等光照。喜湿。高温、长日照、缺水都能促使加速抽薹开花。对土壤质地要求不很严格，但最好在沙质或黏质壤土上种植，沙质壤土能促进早熟，黏质壤土易获丰产。越冬（根茬—幼苗越冬或埋头—萌芽越冬）种植、春种或秋种。
- **品种推荐** 尖叶菠菜、双城冻根菠菜、东北尖叶菠菜、华菠 1 号或圆叶菠菜、东北圆叶菠菜、西安春不老、菠杂 18 号、蔬菠 1、2 号。
- **栽培要点**
- 注意尖叶菠菜（种子带刺）品种一般耐寒性较强多用于越冬种植；圆叶菠菜（种子无刺）则耐寒性不如尖叶品种一般多用于春种；
- 越冬菠菜播种期不能太早、也不能太晚，冬前幼苗或幼芽过大或过小均易在越冬时出现死苗；为防缺

苗播种量宜适当加大；

- 越冬菠菜入冬时、土壤上冻前要浇一次冻水，以减少越冬期死苗。返青时要及时浇返青水，但不能浇太早，否则易降低土温，反将减缓生长；
- 秋季种植可用凉水浸种后再播种，以加速出苗；9 月下旬至 10 月上旬期间植株生长加速，此时应加强肥水管理；
- 要注意防治病毒病、霜霉病以及潜叶蝇、南美潜叶蝇、菜蚜等为害。

小提示 富含胡萝卜素、维生素 C、氨基酸、核黄素、草酸及铁、磷、钠、钾矿物盐等。菠菜性冷、滑，味甘。有利五脏，通肠胃热，调中下气，止血等功效。

蕹菜
（空心菜）

栽种难易指数 ★★☆☆

- **种植方式** 种子直播或育苗移栽。
- **播种期** 春种。直播 5 月下旬，育苗移栽 3 月至 4 月。
- **播种方式** 露地直播采用穴播、撒播或条播；育苗移栽在温室、塑料棚中采用苗床或营养钵、穴盘播种育苗。
- **亩用种量** 直播 10m² 播 15g（穴播）或每亩播 10 千克左右（撒播），育苗畦 10m² 播 150~200g，可供 6~12 倍面积的大田栽植。
- **定植期** 5 月上旬至 6 月下旬。
- **定植方式** 平畦栽植。
- **行株距** 一般育苗移栽：67cm ×（20~33）cm，可搭人字架，每穴栽 1~2 棵；直播：穴播 33cm ×（17~27）cm 地爬，每穴播 3~5 粒种子，条播行距 20cm × 27cm 地爬，撒播酌情间拔上市。
- **收获期** 6 月下旬至 9 月。
- **采收标准** 播后 40~50 天后即可陆续间拔收获或苗高约 25cm 时一次收获，也可陆续采收嫩稍上市。
- **亩产量** 1500~2000kg。
- **特性** 旋花科一年生草本植物。自花授粉。以嫩茎叶供食。喜温暖、湿润气候，生长适温 25~30℃，耐热，能忍受 35~40℃的高温，不耐寒，15℃以下生长缓慢。耐旱、耐湿。喜光。较耐肥，对土壤要求不严，黏土、壤土、沙土、水田、旱地均能种植。但以较黏重，保水保肥力强的土壤种植为好。
- **品种推荐** 白花蕹菜、紫花蕹菜、泰国空心菜、广东大骨青、四川旱蕹菜等。
- **栽培要点**
- 蕹菜喜较高温度，播种期与幼苗定植期不宜过早，否则由于地温尚低，反而会延迟生长、推后收获；
- 蕹菜的栽培方式比较多样，应根据具体条件进行选择，宽行栽培采收时间长，但需要塔架；直播如采用撒播，则用种量较大；窄行穴播或条播不需搭架，用种量较少，收获期也较长；
- 蕹菜耐肥，多分枝，生长迅速，易发生不定根，加之栽培密度大，采收次数多，故应特别注意加强肥水管理；
- 要注意防治白锈病、轮斑病以及

菜蛾、甘薯麦蛾、斜纹夜蛾等为害。

小提示　富含胡萝卜素、维生素 C、纤维素以及钙等矿物盐。蕹菜性平，味甘。可清热凉血，利尿除湿，解毒行水。

苋菜
（米苋、苋菜梗）

栽种难易指数 ★☆☆☆

- 种植方式　种子直播。
- 播种期　春种、夏种或秋种。5月上旬至 8 月中旬。
- 播种方式　露地平畦撒播或密条播。
- 亩用种量　250~1000g（春种宜大，秋种宜小）。
- 行株距　不间苗，随间拔收获扩大株距。
- 收获期　6 月上中旬至 10 月上旬。
- 采收标准　春季播后 40~50 天、夏秋季约 30 天即可开始采收。
- 亩产量　1500~2000kg。
- 特性　苋科一年生草本植物。以嫩茎叶、肉质茎供食。喜温暖，较耐热，不耐寒，生育适温 23~32℃。喜中等光照。要求土壤湿润，稍抗旱，不耐涝。最好在排水良好，偏碱性的土壤上种植。
- 品种推荐　红苋：大红袍、红苋菜、大柳叶紫色苋；绿苋：木耳苋、白米苋；花叶苋：尖叶红米苋、尖叶红花苋、大柳叶花叶苋、蝴蝶苋等。

- 栽培要点
- 苋菜种子细小，播种后覆薄土，
- 适当镇压，以免浇水时种子漂移；
- 多采用分次间拔，陆续采收，同时结合进行除草；但也可按 33cm 见方留苗，并随着植株生长陆续采摘由叶腋侧芽萌发的嫩梢；
- 生长期间，应保持土壤湿润；苗高 6~7cm 时以及间拔采收后，要结合浇水酌情追肥；
- 夏秋栽培尤其要注意加强肥水管理，促进营养生长，避免过早抽薹；
- 要注意防治白锈病、病毒病以及螨类害虫等为害。

小提示　富含碳水化合物、维生素 C、胡萝卜素、及各种矿物盐。苋菜叶性冷利，味甘。紫苋杀虫毒，治气痢；红苋主赤痢，射工，沙虱。

芫荽
（香菜）

栽种难易指数 ★★☆☆☆

- **种植方式** 种子直播。
- **播种期** 春、秋种。春种3月下旬至4月上旬，秋种7月中下旬至8月上旬播种。
- **播种方式** 露地平畦密条播或撒播。
- **用种量** 3~7.5g/m²（春种宜小，夏种宜大）。
- **行株距** 条播10~17cm，撒播不间苗、随间拔收获扩大株距。
- **收获期** 春种5月中下旬至6月上旬。秋种10月上旬至11月中旬。
- **采收标准** 播后50~60天，株高20~25cm时即可开始分次采收。
- **亩产量** 1500~2000kg。
- **特性** 伞形科一二年生草本植物。异花授粉。以嫩茎叶供食。喜冷凉，耐寒，不耐热，生长适温17~20℃，可耐-10~-8℃低温。超过20℃生长缓慢，30℃以上则生长停滞。喜中等光照，较耐阴。对土壤要求不甚严格，但以肥沃而保水力强的壤土或沙壤土种植为好。
- **品种推荐** 北京芫荽、山东大叶香菜、原阳秋香菜、白花香菜、紫花香菜等。
- **栽培要点**
- 种子实为果实，播种前应先将种果搓开，最好在浸种催芽后再播种，以缩短出苗时间；
- 播种后若天气干燥、土壤板结，应及时进行浇水保持土壤湿润，以利出苗；
- 幼苗3~4cm高时，要适时进行间苗、定苗并结合进行除草；
- 定苗后不久，植株进入迅速生长时要加强肥水管理；
- 也可夏种，但难度较大；
- 要注意防治叶斑病、白粉病以及蚜虫、红蜘蛛等为害。

小提示 富含维生素C、尼克酸及钾、钙、铁等矿物盐。芫荽性温，味辛。具有利大小肠、消食下气、发汗透疹、止血等功效。

落葵

（木耳菜）

栽种难易指数 ★ ★ ☆ ☆

- **种植方式** 种子直播或育苗移栽。

- **播种期** 春种或夏秋种植。直播4月底、5月初至8月中旬。育苗移栽提前30~40天播种。

- **播种方式** 直播采用露地撒播、条播或穴播；育苗移栽在温室、塑料棚中采用苗床或营养钵、穴盘播种育苗。

- **用种量** 9~13.5g/m²。

- **定植期** 幼苗长到2~3叶1心时定植。

- **定植方式** 平畦栽植。

- **行株距** 一般为（50~67）cm×（13~17）cm，搭人字架或地爬栽培；移栽苗每穴栽2~3棵，穴播每穴播3~5粒种子，条播、撒播应进行间苗或间拔采收。

- **收获期** 6月上中旬至10月上旬。

- **采收标准** 直播或定植后40~50天（夏天35天）即可间拔植株采收。当苗高20~30cm时也可留3~4叶摘收嫩梢或叶片，待侧芽长成后继续如法采收。

- **亩产量** 1000~1500kg。

- **特性** 落葵科多年生攀缘性草本植物。自花授粉。以嫩茎稍和叶供食。喜高温，耐热，生育适温25~30℃，不耐寒，遇霜即枯死。喜光，花果形成要求短日照。耐湿。适应性强，但以肥沃、疏松的沙壤土种植为好。

- **品种推荐** 红（紫）落葵、青梗（绿）落葵、大叶落葵等。

- **栽培要点**

- 除用种子播种繁殖外，也可用枝条扦插育苗；

- 落葵种子种壳厚而硬，春种若采用干种子播种，则发芽缓慢，故在播前最好先进行浸种催芽；

- 搭架栽培、地爬栽培可根据具体条件选定；

- 搭架栽培，宜用大叶品种，可陆续采收成熟叶片，也可采收嫩梢，但需待植株爬满架后进行；

- 采收期间要注意加强肥水管理；

- 要注意防治褐斑病、蛇眼病以及蛴螬、地老虎等为害。

小提示　含粗脂肪、粗蛋白、粗纤维、维生素A、B₁、B₂、C以及钾、钙、铁、磷等矿物盐和烟碱酸等。落葵性寒，味甘。可润燥滑肠、清热凉血。

荠菜
（护生草）

栽种难易指数★★☆☆

- **种植方式**　种子直播。
- **播种期**　秋种为主，也可春种。春种4月上旬，秋种8月。
- **播种方式**　平畦撒播。
- **亩用种量**　200~250g。
- **行株距**　撒播一般不间苗，随间拔收获扩大株距。
- **收获期**　春种5月中旬，秋种9月下旬。
- **采收标准**　播后40~60天，植株有16片真叶时即可间拔采收。

- **亩产量**　1000kg左右。
- **特性**　十字花科 一二年生草本植物。异花授粉。以嫩株供食。喜冷凉，植株可耐-5℃低温，生长适温12~20℃。喜光。喜湿。较抗病。适应性强。对土壤要求不严，但以肥沃、疏松的黏壤土种植为好。
- **品种推荐**　板叶荠菜、花叶荠菜。
- **栽培要点**
- 荠菜种子细小，播种后一般不覆土，但需适当镇压，以免浇水时种子漂移；为使种子播得更均匀，可掺加2~3倍的细沙或细炉灰；
- 夏秋播种后，为防暴雨和土壤板结利于出苗，畦面可覆盖遮阳网，待出苗后再撤去；
- 出苗后幼苗长有2~3片真叶时，以及间拔收获后应加强肥水管理；
- 荠菜生长期短，植株矮小，对土壤养分消耗少，适合与其他蔬菜间作、套种；
- 要注意防治霜霉病以及蚜虫等为害。

小提示　富含胡萝卜素，维生素C、蛋白质以及钙、铁等矿物盐。荠菜性温，味甘。可利肝和中，明目益胃，治赤痢、赤眼。

叶莙菜
（牛皮菜、莙荙菜）

栽种难易指数 ★ ★ ☆ ☆

- **种植方式** 种子直播或育苗移栽。
- **播种期** 春、秋种。直播：春种 3 月下旬至 4 月下旬，秋种 8 月上、中旬；育苗移栽 2 月上旬至 3 下旬月。
- **播种方式** 直播采用露地撒播、条播或穴播；育苗移栽春种在温室、塑料棚中采用苗床或营养钵、穴盘播种育苗，秋种在露地采用苗床或营养钵、穴盘播种育苗。
- **亩用种量** 直播 1500~2000g，育苗移栽 500g。
- **定植期** 4 月。
- **定植方式** 平畦栽植。
- **行株距** 一般为（25~40）cm ×（20~30）cm。
- **收获期** 5 月中下旬至 10 月中下旬。
- **采收标准** 播后 30~50 天开始分次间拔收获苗株；或播后 40~50 天，定植后 40 天，植株长有 6~7 片真叶时擗叶采收外层 2~3 片大叶。
- **亩产量** 2000~4000kg。
- **特性** 藜科二年生草本植物。异花授粉。以嫩叶、叶柄供食。喜冷凉，生长适温 15~20℃，较耐寒，耐热。喜光。喜湿，但忌涝。耐瘠薄、耐盐碱，但以质地疏松、肥沃的土壤种植为好。
- **品种推荐** 普通类型（青梗）：青梗莙荙菜；宽柄类型（白梗）：白梗莙荙菜；皱叶类型：卷心叶莙菜；彩色类型：千叶红、红梗牛皮菜、黄梗牛皮菜。
- **栽培要点**
- 种子实为果实，种果较大，播种前应先将种果搓开，播种时覆土要稍加厚些；
- 定苗或定植后要及时进行浇水、中耕除草，保持适当的土壤湿度；
- 采用间拔采收的由于收获次数少，应以施基肥为重；
- 采用擗叶采收的因收获期较长，收获后应适当进行浇水和追肥；

- 要注意防治褐斑病、病毒病以及蚜虫、地老虎、潜叶蝇等为害。

小提示 富含还原糖、粗蛋白、膳食纤维及维生素等。叶荙菜性大寒、滑，味甘、苦。可解风热毒、止血生肌、理脾除风。

茴香
（小茴香）

栽种难易指数 ★★★☆

- **种植方式** 种子直播。
- **播种期** 春、秋种。春种3月下旬至4月上旬,秋种7上旬至8月上旬。
- **播种方式** 平畦撒播或密条播。
- **用种量** 15~22.5g/m²。
- **行株距** 一般不间苗。
- **收获期** 播后50~60天。
- **采收标准** 株高30cm时即可收获。
- **亩产量** 1500~2000kg。
- **特性** 伞形科一二年生草本植物。异花授粉。以嫩茎叶、球茎、果实供食。喜冷凉,生长适温15~20℃,耐热、耐寒。对光照要求不严格。喜土壤湿润,要求肥沃疏松,保水保肥力强的土壤种植。
- **品种推荐** 河北小茴香、长治茴

香、商河茴香、河北大茴香。

- **栽培要点**
- 因出苗较困难,故要求底肥细碎、铺施均匀,畦面平整、无土块,以利于浇水、保证幼苗顺利出土;
- 播种后应保持畦面湿润,但苗期不宜过多浇水,可适当蹲苗,在表土现干旱时才浇水,期间要注意除草;
- 当植株高达10~12cm后,应加强水肥管理,开始勤浇水,并追施速效性氮肥;
- 可一次性拔收,也可离地面一定高度割收,待留下的茎基部再度萌芽长成新株时再进行收获;
- 要注意防治细菌疫病,枯萎病以及凤蝶等为害。

小提示 具特殊芳香味。富含胡萝卜素和钙等矿物盐。果实可作香料。茴香性平,味辛。可调中开胃,止痛,治肾劳阴冷,暖丹田。

茼蒿

（蒿子秆、大叶茼蒿）

栽种难易指数 ★☆☆☆

- **种植方式** 种子直播。
- **播种期** 春、秋种。春种 3 月中下旬至 4 月上旬，秋种 8 月。
- **播种方式** 平畦撒播或条播。
- **用种量** 6~11.25g/m²。
- **行株距** 撒播不间苗，条播行距 12~15cm。
- **收获期** 春种 4 月下旬至 5 月，秋种 9 月下旬至 10 月上旬。
- **采收标准** 播后 45~50 天。
- **亩产量** 1500~2500kg。
- **特性** 菊科一二年生草本植物。以自花授粉为主。以嫩茎、叶供食。喜冷凉，生长最适温度 17~20℃，不耐严寒和高温。喜中等光照。在高温、短日照下易抽薹开花。喜湿润，对土壤适应性广。
- **品种推荐** 北方多采用蒿子秆，南方多采用大叶茼蒿。
- **栽培要点**
- 秋种播种量可适当减少，大叶茼蒿播种量比蒿子秆宜适当减少；
- 一般不间苗，也可在幼苗长有 1~2 片真叶时适当间苗，但不管间苗与否都应注意除草；
- 生长期间不能缺水，要注意保持土壤湿润；但早春播种的在幼苗齐苗前后要适当控水，以免发生猝倒病；
- 当植株长到 10~12cm 时开始加强水肥管理；
- 要注意防治猝倒病、黑斑病、芽枯病以及蚜虫等为害。

小提示 具特殊香味，富含维生素 A 以及钙、钾等矿物盐。茼蒿性平，味甘、辛。可安心气，养脾胃，消痰饮，利肠胃。

冬寒菜

（冬苋菜、冬葵）

栽种难易指数 ★☆☆☆

- **种植方式** 种子直播。
- **播种期** 春、秋种。春种 3 月中下旬至 4 月上旬，秋种 8 月。
- **播种方式** 平畦条播或穴播（每穴播种子 4、5 粒）。

- **用种量** 条播 0.75~1.5g/m²。
- **行株距** 条播 25cm×10cm；穴播 25cm×25cm（每穴 3~4 株）。
- **收获期** 春种 5 月上旬至 6 月，秋种 9 月中下旬至 10 月。
- **采收标准** 出苗后 40~60 天，苗高 20cm 左右。
- **亩产量** 2000kg 左右。
- **特性** 锦葵科锦葵属二年生或一年生草本植物。以幼苗及嫩茎供食。喜冷凉、湿润气候，耐轻霜，不耐严寒和高温，生长适温为 15~20℃。对土壤要求不很严格，但以疏松、肥沃的土壤种植为好。
- **品种推荐** 紫梗类型或白梗类型。
- **栽培要点**
- 冬寒菜耐热力和耐寒性差，故炎热及严寒季节不宜种植；
- 在幼苗长有 4~5 片真叶后，应进行 2 次间苗，并按既定的苗距定苗；
- 收获时可在茎下部留 4~5 节割取

上部叶和嫩梢，以便继续萌芽生长再次收获；也可贴地面进行一次性收割；

- 进行多次收获的地块，要注意适当加施追肥；
- 要注意防治炭疽病、根腐病以及蚜虫、斜纹夜蛾等为害。

小提示 富含胡萝卜素、维生素 C 和钙、磷等矿物盐。冬寒菜性寒，味甘。具清热润燥、利尿除湿、滑肠解毒等功效。

苦苣
（花叶生菜、花苣、苦菊）

栽种难易指数 ★☆☆☆

- **种植方式** 可直播，也可育苗移栽。
- **播种期** 春、秋种。直播春种 4 月中下旬或秋种 8 月初。
- **播种方式** 平畦条播。
- **亩用种量** 育苗移栽 50g 左右，

直播约 150~200g。

- **行株距** 条播 25~30cm×20~25cm。
- **收获期** 春种 6 月下旬至 7 月，秋种 9 月下旬至 10 月。
- **采收标准** 播种后 60~100 天，叶片充分长大，叶簇繁茂时采收。
- **亩产量** 3000~4000kg。
- **特性** 菊科苦苣属一二年生草本。异花授粉。以新鲜嫩叶供食。喜冷凉、湿润气候，较耐寒、耐热，生长适温幼苗期为 12~20℃，叶片生长期 15~18℃。较耐旱。喜有机质丰富、土层疏松、肥沃、保水保肥力强的黏壤土或壤土。
- **品种推荐** 碎叶（皱叶）类型或板叶（阔叶）类型。
- **栽培要点**
- 选择品种时应注意：喜食苦味轻的，可选择皱叶类型；喜食苦味重的，宜选择阔叶类型；
- 冬春育苗要注意防寒保温，夏秋育苗，要注意遮阴降温、避雨防涝。幼苗一般在长有 6~7 片真叶时定植，秋种可提早些；
- 适当密植可减轻苦味并可获较高产量；
- 注意防治霜霉病、软腐病、白粉病，菌核病、褐斑病以及蚜虫等为害。

小提示 富含氨基酸、维生素、钙、磷、铁、锌等矿物盐，并含山奈酚等药用成分和 100 多种挥发性物质。苦苣性寒，味苦。可安心益气、轻身耐老、除面目舌下黄。

番杏
（新西兰菠菜、洋菠菜）

栽种难易指数 ★★☆☆

- **种植方式** 多采用种子播种，也可育苗移栽。
- **播种期** 春种。4 月至 5 月。
- **播种方式** 直播平畦条播、穴播；育苗移栽多在温室、塑料棚中采用苗床或营养钵、穴盘播种育苗。
- **亩用种量** 直播 2000~2500g，育苗移栽 750~1000g。
- **定植期** 4 月中下旬至 5 月。
- **定植方式** 平畦栽植。
- **行株距** （40~50）cm×30cm，穴播每穴播 2~3 粒。

- **收获期** 6 月下旬至 10 月中旬。
- **采收标准** 枝梢长到 20 cm 左右时采摘。
- **亩产量** 4000kg 左右。
- **特性** 番杏科番杏属一年生半蔓性草本植物。以嫩茎尖和嫩叶供食。喜温，耐热、耐低温、但地上部分不耐霜冻，生长适温 20~25℃。对光照条件要求不严格，但在光照较弱，湿度较大时，茎叶生长更柔嫩。较抗旱、怕涝，较耐盐碱。要求较肥沃的壤土或沙壤土种植，若土壤瘠薄，则生长慢，品质亦差。对氮肥有较高的需求。
- **品种推荐** 四川 JZ-7。
- **栽培要点**
- 播种前最好先进行浸种催芽，然后直播；
- 当幼苗长有 4~5 片真叶后，进行 2 次间苗、并按既定株距定苗，穴播的每穴留 1~2 株壮苗；
- 番杏以嫩茎叶为产品，缺水时叶片易变硬，故在生长期要经常浇水，保持土壤见干见湿，在雨季则要及时排水防涝，以免烂根；
- 番杏喜氮肥和钾肥，生长期较长，尤其在采收期间应注意适当进行追肥；
- 注意防治病毒病以及蛞蝓、甜菜夜蛾等为害。一般较少发生病虫害。

小提示 含有抗菌素物质番杏素，对酵母菌属有抗菌作用，此外还富含多种维生素、矿物盐和微量元素硒。番杏性辛、平，味甘。有清热解毒，祛风消肿，凉血利尿等功效。

紫背天葵

（红凤菜、血皮菜、观音菜）

栽种难易指数 ★☆☆☆

- **种植方式** 枝条扦插育苗。
- **育苗期** 4 月上旬。
- **育苗方式** 春种在温室、塑料棚中采用苗床或营养钵、穴盘扦插育苗。
- **亩用苗量** 6000~8000 株。
- **定植期** 春种（恋秋）。4 月底 5 月初。
- **定植方式** 平畦穴栽。
- **行株距** 30cm ×（25~30）cm。
- **收获期** 5 月下旬开始采收。
- **采收标准** 定植后 20~30 天即可采收，采摘长 10~15cm 的嫩梢。
- **亩产量** 每年 3500~4000kg。
- **特性** 菊科三七草属多年生草本。以嫩茎叶供食。喜温暖湿润的气候，耐高温，不耐寒，生长适温 20~25℃，在 35℃的高温条件下

仍能正常生长，10℃以下时生长停滞。喜充足的日照，但也较耐阴。喜湿，但也较耐旱。耐贫瘠。对土壤要求不严。

● **品种推荐** 红凤菜（较耐低温），白凤菜（较耐热耐湿）。

● **栽培要点**

● 缓苗期应及时中耕，促进根系发育，以加速缓苗；

● 生长期间宜保持畦面湿润，不可过干过湿；

● 紫背天葵生长势强，采收期长，在施足底肥的基础上，采收期间还应少量多次追肥；

● 高温季节如能采用遮阳网覆盖，可减少病毒病的发生；

● 注意防治病毒病、菌核病以及蚜虫和 B - 生物型烟粉虱等为害。要严防蚜虫传毒，早期如发现病毒病株要及时拔除，采收时更应注意，防止接触传播。

小提示 富含维生素、黄酮苷成分及钙、铁、锌、锰等矿物盐。民间认为紫背天葵性凉，味甘、微辛。全草能清热、止血、解毒、消肿。

------

6 茄果类蔬菜

番茄
（西红柿）

栽种难易指数 ★★★★

- **种植方式** 育苗移栽。
- **播种期** 春种为主。也可于夏秋季节种植。春种 2 月至 2 月上旬，夏秋种植 5 月中下旬。
- **播种方式** 春种在温室、塑料棚中采用苗床或营养钵、穴盘播种育苗；夏秋种植在露地采用荫棚苗床或营养钵、穴盘播种育苗。
- **亩用种量** 50~75g。
- **定植期** 春种 4 月下旬定植，夏秋种植 6 月下旬。
- **定植方式** 春种平畦栽植或沟栽。夏秋种植也可垄栽。
- **行株距** 早熟品种（40~ 42）cm×（28~30）cm，中熟品种（42~50）cm×（30~33）cm，晚熟品种 67cm×（32~35）cm。
- **收获期** 春种 6 月下旬至 8 月初；秋种 8 月下旬 9 月上中旬。
- **采收标准** 一般在果实开始发红时采收。
- **亩产量** 2500~5000kg。

- **特性** 茄科一年生草本植物，在热带地区为多年生。自花授粉。以果实供食。喜温暖、昼（日）夜温差大的气候，在 20~25℃温度下生长发育良好，35℃以上高温易引起落花落果。喜充足光照。喜较低的空气湿度。不耐涝。对土壤要求不太严格，但以土层较厚、排水良好、疏松、肥沃的土壤种植为好。
- **品种推荐** 春种多采用早熟或早中熟品种和樱桃番茄品种，如中杂 8 号、9 号，佳粉 15 号、17 号，浙粉 702、708，北京樱桃番茄、美樱 2 号、圣女等；夏秋季种植应采用抗热、抗病毒病品种，如浙杂 7 号、苏抗 5 号、粤星 89-06 等。
- **栽培要点**
- 冬春育苗要注意防寒保温，出苗前保持 16~28℃，定植前应进行幼苗锻炼；夏季育苗要注意遮阴降温、防雨；

- 定植宜稍深一些，栽后要及时浇定植水和缓苗水，水后及时中耕；植株坐果前要适当进行蹲苗，避免植株徒长；待果实长到核桃大小时加强水肥管理；

- 一般采用单干整枝，留2、3穗果（早熟品种）或4、5穗果（中晚熟品种）；前者可插扦架，后者应搭中架或大架；

- 要及时进行整枝打叉、绑蔓和摘心，注意最后一穗果上面要留3片叶，后期可适当摘除植株下部老叶，以利田间通风透光；

- 要注意防治苗期猝倒病、病毒病、早疫病、晚疫病、灰霉病、叶霉病、青枯病以及桃蚜、棉铃虫、B-生物型烟粉虱、侧多食附线螨、甜菜叶蛾、银叶粉虱、南美斑潜蝇等为害。

　　小提示　富含茄红素、维生素A、C与矿物盐。番茄性平，味甘、酸。可健脾开胃、生津止渴、除烦润燥。

茄子

栽种难易指数 ★★★☆

- **种植方式**　育苗移栽。
- **播种期**　春种1月下旬至3月上旬，恋秋、夏种4月至5月上旬。

- **播种方式**　春种在温室、塑料棚中采用苗床或营养钵、穴盘播种育苗；夏种在露地采用荫棚苗床或营养钵、穴盘播种育苗。

- **亩用种量**　40~50g。

- **定植期**　春种4月下旬至5月上旬，恋秋、夏种5月下旬至6月下旬。

- **定植方式**　沟栽或平畦栽植。

- **行株距**　早熟品种（65~70）cm×（36~42）cm，中晚熟品种（70~85）cm×（40~56）cm。

- **收获期**　春种6月上中旬至7月下旬，夏种、恋秋7月上中旬至10月上旬。

- **采收标准**　在果把萼片周围绿白色环带逐渐变窄或不明显时采收。

- **亩产量** 1500~4000kg。
- **特性** 茄科一年生灌木状草本植物，在热带地区为多年生。自花授粉。以果实供食。喜高温，结果期适温为25~30℃，不耐霜冻，较耐热。喜光。耐旱性差。喜肥。对土壤的适应性强，沙质土壤和黏质土壤均可栽培，但最好选用土层深厚、保水性强的肥沃壤土或黏质壤土种植。
- **品种推荐** 紫圆茄：园杂471、18，京茄1、2号，津园杂1、2号，八、九叶茄等；长茄：长杂8、212，杭州红茄、龙杂茄3号等以及灯泡茄等。
- **栽培要点**
- 冬春育苗要注意防寒保温，定植前应进行幼苗锻炼；夏季育苗要注意遮阴降温、防雨；春种宜采用早熟品种，夏种、恋秋可采用灯泡茄、九叶茄等中晚熟品种。
- 定植宜稍深，栽后要及时浇定植水和缓苗水，水后及时中耕；坐果前可适当进行蹲苗，避免植株徒长；待果实"瞪眼"（果实露出萼片，开始加速膨大）后加强水肥管理；
- 植株封垄前注意中耕除草，门茄采收后要进行一次培土，变沟为垄，以避免植株倒伏；
- 蹲苗期间可进行一次整枝打杈，

掰去门茄以下的侧枝，"对茄"采收后适当摘去植株下部老叶，以利田间通风透光；
- 应注意防治青枯病、果实疫病、黄萎病、褐纹病、绵疫病、白粉病以及南黄蓟马、二点叶螨、斑潜蝇、小地老虎、二十八星瓢虫、马铃薯瓢虫、红蜘蛛、茶黄螨等为害。

小提示 含碳水化合物、蛋白质、维生素C以及少量钙、铁等矿物盐，还含有茄碱甙等。茄子性凉，味甘。可清热活血、止疼消肿、祛风、通络、消炎。

辣（甜）椒
（海椒、青椒）

栽种难易指数 ★★★★

- **种植方式** 育苗移栽。
- **播种期** 春种或春种恋秋（秋延后）。春种1月下旬至2月中下旬，恋秋3月下旬。
- **播种方式** 春种在温室、塑料棚中采用苗床或营养钵、穴盘播种育苗；恋秋在露地采用简易覆盖苗床或营养钵、穴盘播种育苗。
- **亩用种量** 75~100g。
- **定植期** 春种4月底至5月上

旬，恋秋 5 月中旬至 6 月初。

- **定植方式** 平畦栽植或沟栽。
- **行株距** 春种（66~80）cm×（26~33）cm（栽双垄）或（50~53）cm×26cm（栽单垄）；恋秋40cm×（33~36）cm。
- **收获期** 春种 6 月上中旬至 8 月初；恋秋 6 月下旬、7 月上旬至 10 月中旬。
- **采收标准** 多采收青熟的嫩果（红熟前）。
- **亩产量** 2000~4000kg。
- **特性** 茄科一年生或多年生草本植物。常异交授粉。以果实供食。喜温，生长适温 20~25℃，但果实生长和转色要求 25℃以上的温度。喜适度光照。耐旱性比番茄强。高温、强光、干旱条件不利于生长。对土壤的适应性较强。在不同质地、肥力的土壤上都能种植，但以肥沃的砂壤土最为适宜。
- **品种推荐** 辣椒：中椒 13、16、22 号，京线 2 号、湘研 14、16 号、特大牛角椒、杭椒、天鹰椒、红秀、星秀等；甜椒：中椒 106、中椒 6 号、京甜 3 号以及彩色甜椒：红水晶、黄玛脑、紫晶等。
- **栽培要点**
- 冬春育苗要注意防寒保温，定植前应进行幼苗锻炼；恋秋种植宜采用晚熟品种；

- 栽后及时浇定植水和缓苗水，水后及时中耕；坐果前应适当进行蹲苗，避免植株徒长，但蹲苗不要过狠；待果实有山楂或手指大小时加强水肥管理；
- 植株封垄前要进行一次培土，以防止中后期倒伏；
- 一般不进行整枝，但早熟品种在坐果前需将门椒以下的侧枝除去，俗称"落裤腿"；
- 恋秋种植在越夏时应注意加施追肥，还应注意防涝；
- 应注意防治病毒病、疮痂病、疫病、炭疽病、日灼病以及烟青虫、侧多食跗线螨、西花蓟马等为害。

小提示 含维生素 A、C 等多种营养物质；辣椒含辣椒素、具辛辣味。辣椒性热、味辛。可温中散寒、开胃消食、发汗燥湿。

酸浆

（洋姑娘）

栽种难易指数 ★★★☆

- **种植方式** 育苗移栽。
- **播种期** 2月中下旬。春种，可一次种植，多年收获。
- **播种方式** 早春在温室、塑料棚中采用苗床或营养钵、穴盘、播种育苗。
- **亩用种量** 40g左右。
- **定植期** 4月下旬。
- **定植方式** 平畦或高垄栽植。
- **行株距** 50cm×30cm。
- **收获期** 5~9月开花期，6~10月结果期。
- **采收标准** 果实变为橙红或黄色、并稍发软时采收。
- **亩产量** 750~1000kg。
- **特性** 茄科多年生或一年生草本植物。以果实供食。喜温和气候，耐寒，耐热，开花结果期适温为20~25℃。喜充足的光照和良好的水肥条件。适应在各种土壤上栽培。
- **品种推荐** 毛酸浆（黄果酸浆），灯笼果、挂金灯（红果酸浆）等。
- **栽培要点**
- 出苗后幼苗长至2~3片叶时可进行一次分苗，行株距10cm见方；
- 红果酸浆植株较直立，可采用平畦，黄果酸浆宜采用垄栽；
- 黄果酸浆需插架防倒伏，并应及时进行绑蔓和疏花、疏果。中后期（在完收前40天左右）应及时进行摘心；一般宜采用双干整枝法，及时去除过多侧枝；
- 当果实有纽扣大小时加强水肥管理；
- 应注意防治轮斑病，菌核病，病毒病以及棉铃虫和菜青虫等为害。

小提示 富含糖分和维生素C。酸浆性寒，味苦。可清热解毒、祛痰止咳、利尿、治疮。全草可配制杀虫剂。

香瓜茄
（香艳茄、人参果）

栽种难易指数 ★★★★

- **种植方式** 育苗移栽。
- **播种期** 2月下旬至3月上旬。春种。
- **播种方式** 早春在温室、塑料棚中采用苗床或营养钵、穴盘播种育苗。
- **亩用种量** 50~75g。
- **定植期** 4月下旬。
- **定植方式** 平畦栽植。
- **行株距** 一般为（40~55）cm×（35~45）cm。
- **收获期** 6月至7月上旬。
- **采收标准** 果皮颜色由绿转黄紫色花纹明显时采收。
- **亩产量** 1500~2000kg。
- **特性** 茄科多年生草本植物，作一年生蔬菜栽培。以果实供食。喜温，生长发育适温白天为20~25℃，夜晚8~15℃。喜光。较耐旱，不耐涝。在光照充足、土壤肥沃、保水、排水良好的地块生长良好。
- **品种推荐** 长丽、大紫、爱斯卡等。
- **栽培要点**
- 除用种子播种育苗外也可用枝条扦插育苗，取健壮植株上长12~15cm带叶片的侧枝为插条，按10cm见方苗距扦插于苗床，扦插后注意遮光防晒、保持床土湿润；
- 一般采用单干整枝；也可进行多干整枝，在定植时即进行摘心，留2~5干，但行株距要相应加大；
- 一般每干留3穗果摘心，坐果后可适当疏花，每穗留2~3个果；
- 要注意及时打叉防疯长，及时插架、绑蔓防倒伏；
- 要注意防治病毒病、灰霉病以及蚜虫、白粉虱和茶黄螨等为害。

小提示 果实具芳香。含糖、维生素C、膳食纤维素以及钾、钙、镁等矿物盐。

7 / 瓜类蔬菜

黄瓜

（胡瓜、王瓜）

栽种难易指数★★★★★

- **种植方式** 春种多采用育苗移栽，夏秋种多采用直播。
- **播种期** 春种或夏秋种。春种 3 月上、中旬；夏秋种（直播）6 月中旬至 7 月上旬，育苗移栽提前 20~25 天。
- **播种方式** 春种在温室、塑料棚中采用苗床或营养钵、穴盘播种育苗；夏秋种植在露地直播或采用荫棚苗床或营养钵、穴盘播种育苗。
- **亩用种量** 150~250g。
- **定植期** 4 月底至 5 月初。
- **定植方式** 春种平畦栽植，夏秋种瓦垄畦、小高畦或高垄种植。
- **行 株 距** 春 种（65~75）cm × （25~30）cm，夏秋种（65~75）cm × （20~22）cm。
- **收获期** 春种 5 月中下旬至 7 月中下旬，夏秋播 8 月上旬至 9 月下旬。
- **采收标准** 果实充分膨大，果皮和种子尚未硬化前采收。
- **亩产量** 春种 4000~5000kg，夏秋种 2500~3000kg。
- **特性** 葫芦科一年生攀缘性草本植物。异花授粉。以果实供食。喜温和气候，不耐寒，不耐高温，生长发育适温 18~28℃。喜光。喜湿、不耐旱。要求疏松、肥沃、通气良好的壤土种植。
- **品种推荐** 春种：中农 6、8、16 号，津春 4 号、津杂 2 号或 3 号、津绿 4 号、津研 4 号、津优 48、101，秋种：中农 20 号、津绿 5 号、京研秋瓜、夏青 4 号、夏丰 1 号、鲁黄 2 号等。
- **栽培要点**
- 冬春育苗要注意防寒保温，定植前应进行幼苗锻炼；夏季育苗要注意遮阴降温、防雨；

• 要正确采用适宜春种或夏秋种植的相应品种；

• 定植不宜过深，以土坨与畦面相平即可；一般采用沟栽或穴栽；移栽后可用地膜进行覆盖，以利获得早熟高产；

• 定植缓苗后至植株坐瓜前可适当进行蹲苗，待幼瓜有烟卷大小时加强肥水管理；

• 注意及时搭架（大架——人字架，小架——三角、四角架或单扦）绑蔓，小架栽培应适当加密株距；

• 夏秋种植在直播时每穴播种子2~3粒，在幼苗子叶展开及长有1~2片真叶时分别进行一次间苗，长有4片真叶时定苗。进入雨季后要注意及时排水防涝；

• 要注意防治霜霉病、枯萎病、白粉病、疫病、炭疽病、灰霉病、黑星病、细菌性角斑病、病毒病以及瓜蚜、黄守瓜、白粉虱、潜叶蝇等为害。

小提示　含碳水化合物、蛋白质、脂肪、维生素C、胡萝卜素、纤维素以及钙、磷、铁矿物盐等。黄瓜性寒，味甘。可清热解渴、利水道。

西葫芦

（美洲南瓜、美洲番瓜）

栽种难易指数 ★★★☆

• **种植方式**　种子直播或育苗移栽。

• **播种期**　春种、春种恋秋（秋延后）或秋种。春种：育苗移栽3月中、下旬，种子直播4月中下旬；恋秋种植（秋延后）5月中下旬；秋种8月上旬。

• **播种方式**　春种在温室、塑料棚中采用苗床或营养钵、穴盘播种育苗，恋秋（秋延后）、秋种在露地采用平畦或开沟穴播。

• **亩用种量**　育苗移栽250g左右，直播500~750g。

• **定植期**　春种4月下旬。

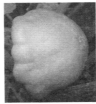

- **定植方式** 平畦栽植或沟栽。
- **行株距** 早熟品种（60~80）cm×（40~50）cm，中熟品种（80~100）cm×60cm。
- **收获期** 育苗移栽 5 月下旬至 7 月，直种 6~7 月。秋种 9 月至 10 月。
- **采收标准** 瓜重达 250~500g 时采摘。
- **亩产量** 2000~3000kg。
- **特性** 葫芦科一年生矮性或蔓性草本植物。异花授粉。以果实供食。喜温，生长适温 20~25℃，开花结果适温 22~28℃，对低温的适应能力强，但不耐高温。喜光，但较耐弱光。喜湿、不耐干旱。对土壤要求不严，但最好在土层深厚、疏松、肥沃，保水、保肥能力强的壤土上种植。
- **品种推荐** 花叶西葫芦、阿太、早青、中葫 3 号、京莹、京葫 2 号、黑美丽西葫芦、香蕉西葫芦、飞碟瓜、长蔓西葫芦等。
- **栽培要点**
- 西葫芦抗寒性较强，但春季育苗时仍应注意防寒保温；
- 采用种子直播者每穴播种子 2~3 粒，齐苗后再分别间苗、定苗；
- 一般不进行整枝打杈，但若出现侧枝，则应及时摘除；
- 坐果前应适当蹲苗，待果实长到

鸡蛋大小时加强肥水管理；
- 恋秋栽培进入 6 月后最好进行遮阳网覆盖，以利安全越夏；
- 秋播西葫芦一般每株只留 1 个瓜；最迟必须在初霜到来前 20 天左右，选留 1 个长 10~15cm 的幼瓜，同时去掉多余的幼瓜并进行摘心、打杈（若出现侧枝）；
- 应注意防治病毒病、白粉病、霜霉病、炭疽病以及瓜蚜、白粉虱、红蜘蛛、瓜蓟马等为害。

　　小提示 含萄葡糖和抗坏血酸，还富含钙。西葫芦除可供炒食或作馅外，有的品种（搅瓜）经速冻或蒸熟后其果肉能搅成丝状，可作凉拌菜、汤料或作馅；飞碟瓜可供观赏用。

冬瓜
（东瓜）

　　栽种难易指数★★★★

- **种植方式** 育苗移栽或种子直播。
- **播种期** 春种。育苗移栽早熟品种 3 月上中旬，中晚熟品种 3 月下旬，晚熟品种 4 月上、中旬；种子直播 5 月上旬。
- **播种方式** 育苗移栽在温室、塑料棚中采用苗床或营养钵、穴盘播种育苗；直播采用露地小高畦、瓦垄畦穴播。

• **亩用种量** 200~250g。

• **定植期** 早熟品种 5 月上旬，中晚熟品种 5 月。

• **定植方式** 平畦、沟栽（早熟品种）或小高畦、瓦垄畦（中晚熟品种）。

• **行株距** 早熟品种一般行株距为 50cm×（27~33）cm，中熟品种可为（80~83）cm×（43~50）cm，晚熟品种约为（83~100）cm×（50~57）cm。

• **收获期** 早熟品种 6 月下旬至 7 月底，中熟品种 7 月下旬至 8 月上旬后。

• **采收标准** 果实达商品成熟时采收。粉皮品种在果把周围有一圈白粉时采收（商品成熟），也可在上满白粉时采收（老熟、较耐贮藏）。

• **亩产量** 早熟品种 2000~2500kg，中晚熟品种 4000~5000kg。

• **特性** 葫芦科一年生攀缘性草本植物。异花授粉。以果实供食。喜温、耐热，适宜生长发育温度 25℃左右，15℃以下开花、授粉不良。喜光。干燥、低温或多雨时坐果不良。可在沙壤土和黏壤土上生长，但以疏松、排水良好的沙壤土

为好。

• **品种推荐** 一串铃 4 号、车头冬瓜、粉杂 2 号、广东黑皮冬瓜、湖南粉皮冬瓜、亮长黑杂等。

• **栽培要点**

• 春种播种育苗不要过早，苗龄不应过长，苗期控水控温不能过严，否则易出现花打顶（生长点长势极弱）现象；

• 多进行搭架栽培，可插小架：扦架（单杆），插中架：小三角、四角架，或插大架：人字架或棚架；但也可进行地爬栽培；

• 一般都采用单蔓整枝，需及时进行盘条、压蔓，将茎蔓盘绕架材一圈，再将茎蔓叶节压入土中，通常压一道或两道蔓，然后再上架绑蔓；

• 及时摘心、并进行留果（先留两

个健壮幼果）和定果（果实坐住后）：小型品种在植株具 15~18 叶时摘心，在 9~13 叶留果、定果；中型品种在植株具 25~30 叶时摘心，在 15~19 叶留果、定果；大型品种于满架后摘心，在 23~35 叶留果、定果；

• 冬瓜坐果前要适当进行蹲苗，避免植株徒长，待果实歪脖后（果柄下弯，标志果实已坐住，即将迅速膨大）开始加强肥水管理；

• 果实膨大期切忌大水漫灌，雨后要注意及时排涝，以减少死秧烂瓜；

• 要注意防治疫病、枯萎病、蔓枯病、炭疽病和病毒病以及蚜虫、蓟马、斑潜蝇等为害。

小提示　富含多种维生素以及钾、钙、磷、铁等矿物盐。冬瓜性寒，味甘。可利小便、止消渴、除心胸闷、去头面热。

南瓜
（倭瓜、饭瓜、番瓜、中国南瓜）

栽种难易指数 ★★★☆

• **种植方式**　育苗移栽或种子直播。

• **播种期**　春种或春种恋秋（秋延后）。育苗移栽 3 月下旬至 4 月上旬，直播 5 月上旬。

• **播种方式**　育苗移栽春种在温室、塑料棚中采用苗床或营养钵、穴盘播种育苗；直播采用平畦穴播。

• **亩用种量**　100~250g。

• **定植期**　4 月底至 5 月上旬。

• **定植方式**　平畦栽植。

• **行株距**　搭架栽培（90~100）cm ×（40~80）cm，地爬栽培（180~300）cm ×（40×80）cm。

• **收获期**　7 月上旬至 9 月或 10 月。

• **采收标准**　一般多在果皮变色（如由绿色转变为黄或红色）蜡粉增厚、较坚硬时采收老熟瓜；小型品种也可在谢花后 10~15 天采收嫩瓜。

• **亩产量**　1500~3500kg。

• **特性**　葫芦科一年生蔓性草本植物。异花授粉。以果实供食。喜温，不耐低温与霜冻，较耐热，生长适温 18~32℃，果实发育适温

25~27℃。喜光，对日照强度要求较高。较耐旱。对土质要求不严。

- **品种推荐** 板栗青、柿饼南瓜、黄狼南瓜、大磨盘等。

- **栽培要点**

- 多进行地爬栽培，但早熟品种也可进行搭架栽培，中晚熟品种也可进行棚架栽培；

- 地爬栽培可按183~300cm行距作成前（加畦，较宽）后（本畦，较窄）两个畦，本畦定植南瓜，加畦在南瓜生长前期套种生长期短的绿叶蔬菜如小萝卜、蒿子秆等；

- 多采用单蔓整枝，中晚熟品种也可采用双蔓整枝，每蔓留一瓜；瓜蔓封垄前，需进行2次中耕除草，并适当向根部培土；

- 地爬栽培当茎蔓伸长到约60cm时进行第1次盘条压蔓，挖一道长7~10cm的浅沟，将瓜蔓向后再往前绕转一圈，轻轻放入前面已挖好的沟内，用土压实，并使瓜蔓梢端露出12~15cm。以后每隔30~50cm压蔓一次，共3~4次，将蔓引向加畦，秧蔓爬满畦后摘心；

- 搭架栽培只进行一次盘条压蔓，随后即引蔓上架，并陆续进行绑蔓，秧蔓满架后摘心；棚架栽培多采取放任生长，一般不进行

整枝；

- 进入果实迅速膨大期后，应注意加强肥水管理；

- 应注意防治病毒病、白粉病、霜霉病、炭疽病以及瓜蚜、白粉虱、红蜘蛛、瓜蓟马、黄条跳甲等为害。

小提示 富含淀粉和番瓜多糖，胡萝卜素、维生素C，果胶，以及锌等矿物盐。南瓜性温，味甘。具有补中益气、消炎止痛、解毒、杀虫等功效。

笋瓜
（印度南瓜、印度番瓜、玉瓜）

栽种难易指数 ★★★☆

- **种植方式** 育苗移栽或种子直播。

- **播种期** 春种或春种恋秋（秋延后）。育苗移栽3月下旬至4月上旬，直播5月上旬。

- **播种方式** 育苗移栽春种在温室、塑料棚中采用苗床或营养钵、穴盘播种育苗；直播采用平畦穴播。
- **亩用种量** 100~300g。
- **定植期** 4月底至5月上旬。
- **定植方式** 平畦栽植。
- **行株距** 搭架栽培时行株距一般为（90~100）cm×（40~80）cm，地爬栽培时可为（180~300）cm×（40×80）cm。
- **收获期** 7月上旬至9月或10月。
- **采收标准** 开花后40~60天果实成熟时采收。
- **亩产量** 1500~3500kg。
- **特性** 葫芦科一年生蔓性草本植物。异花授粉。以果实供食。喜温，不耐低温与霜冻，但可耐较高的温度，其耐热与耐寒力介于南瓜和西葫芦之间，生长发育适温15~29℃；喜光，对日照强度要求较高。较耐旱。对土质要求不严。
- **品种推荐** 京红栗南瓜、中栗3号、湘研大密、密本、一串铃等。
- **栽培要点** 参见南瓜。

　　小提示 富含淀粉、糖类、番瓜多糖，胡萝卜素、维生素C，果胶、芽蛋白和锌等矿物盐。

西瓜
（水瓜、寒瓜）

栽种难易指数★★★★★

- **种植方式** 以种子直播为主，也可育小苗移栽。
- **播种期** 4月中下旬。春种。
- **播种方式** 露地穴播。
- **亩用种量** 75~150g。
- **定植期** 4月下旬。
- **定植方式** 平畦栽植。
- **行株距** 一般为（167~200）cm×（33~60）cm。
- **收获期** 7月。
- **采收标准** 果面条纹变清晰，果粉减少，果皮光滑发亮，用手指弹瓜发出浊音时采收。
- **亩产量** 1500~2500kg。
- **特性** 葫芦科一年生蔓性草本植物。异花授粉。以果实供食。喜温暖气候，生长发育最适温度18~32℃。耐热、不耐寒。喜光。喜干燥，怕涝。西瓜对土壤适应性

较广，但最好在疏松、排水良好、不易积水的沙质土壤上种植。

- **品种推荐** 京欣 3 号、京秀，京玲、署宝，航兴 3 号、中选 12 号、金密 1 号，津花 9 号、西农 15 号等。
- **栽培要点**
- 种植西瓜的地块要避免重茬和连作；
- 露地西瓜多进行地爬栽培，在平畦的北侧开栽植沟，进行催芽穴播，每穴播种子 2~3 粒，或进行小苗移栽（子叶平展前后）；
- 直播出苗后要注意适时间苗、定苗，定苗或小苗定植后要及时浇水中耕，适当进行蹲苗；
- 地爬栽培要注意及时整枝，一般每株留两条蔓结一个瓜，在瓜秧伸蔓后进行倒蔓（将蔓向前推倒），当瓜蔓长到 30 多 cm 时进行盘条（往后环绕再向前），10 片叶左右时进行第一次压蔓（压头道），以后每隔 4、5 叶压一次，共压 3 道，通常在第二至第四雌花间留果，定果后摘心，侧蔓在压二道后摘心，不留瓜；
- 为提高坐果率，可进行人工辅助授粉，果实迅速膨大期要加强肥水管理；
- 要注意防治病毒病、蔓割病、萎凋病、炭疽病、白粉病、疫病以及斜纹夜盗虫、蚜虫、银叶粉虱、斑潜蝇、小地老虎等为害。

小提示 含蛋白质，维生素 A、B、C 以及铁、钙、钾、磷、镁、锌等矿物盐；果汁中还富含果糖、苹果酸、谷氨酸、精氨酸等。西瓜性寒，味甘。具有消烦止渴解暑、疗喉痹、治血痢、解酒等功效。

甜瓜
（香瓜）

栽种难易指数★★★★★

- **种植方式** 主要采用种子直播，也可育苗移栽。
- **播种期** 春种。育苗移栽 3 月中下旬，直播 4 月中下旬。
- **播种方式** 育苗移栽春种在温室、塑料棚中采用苗床或营养钵、穴盘播种育苗；直播采用平畦穴播。

- **亩用种量** 育苗 50~70g，直播 100~150g。
- **定植期** 4 月下旬。
- **定植方式** 平畦栽植。
- **行株距** （87~100）cm × （33~50）cm。
- **收获期** 7 月。
- **采收标准** 果实皮色鲜艳、花纹清晰、果面发亮，开始成熟或有香味时采收。
- **亩产量** 1500~2000kg。
- **特性** 葫芦科一年生蔓性草本植物。异花授粉。以果实供食。喜温暖气候，要求较大昼夜温差，茎叶生长最适温度白天 25~30℃，夜间 16~18℃，果实生长白天 27~30℃，夜间 18℃。喜光，要求充足日照。薄皮甜瓜较耐湿，厚皮甜瓜耐湿能力差。对土壤质地要求不严，但最好在土质疏松、通透性和排水良好的冲积沙土和沙壤土上种植。
- **品种推荐** 露地栽培多采用薄皮甜瓜：如京玉绿宝、京玉墨宝、京玉 268、京玉 357，翠花密、清香翠玉等。
- **栽培要点**
- 多进行地爬栽培，在平畦的北侧按株距穴播，每穴播种子 2~3 粒或进行小苗移栽。直播出苗后要注意适时间苗定苗，定苗或小苗定

植后要及时浇水中耕，适当进行蹲苗；
- 薄皮甜瓜多为孙蔓结瓜品种，要注意及时进行整枝，一般在植株长有 5~6 片叶时即可摘心，以促使发生子蔓，然后留 2~3 条健壮子蔓，待子蔓长到 5~6 片叶时留 4 片叶摘心，以促使发生孙蔓，然后再留 2~3 条健壮孙蔓，每株留 3~5 个已坐住的幼瓜，幼瓜上部留 4 片叶摘心；
- 果实坐住后要加强肥水管理；采收时一定要注意果实的成熟度，以免影响产品品质；
- 应注意防治蔓枯病、白粉病、霜霉病、疫病、病毒病以及蚜虫、红叶螨、潜叶蝇等为害。

小提示 富含糖，还含有碳水化合物、维生素 C、多种矿物盐等。甜瓜性寒，滑，味甘。能止渴、除烦热、利小便、通三焦、治口鼻疮。

苦瓜
（凉瓜、锦荔枝）

栽种难易指数 ★★☆☆

- **种植方式** 育苗移栽。
- **播种期** 春种恋秋（秋延后）。3月下旬至4月上旬。
- **播种方式** 在温室、塑料棚中采用苗床或营养钵、穴盘播种育苗。
- **亩用种量** 250g。
- **定植期** 5月上旬。
- **定植方式** 平畦或瓦垄畦栽植。
- **行株距** （73~83）cm×（33~40）cm。
- **收获期** 6月中旬至9月上旬。
- **采收标准** 果皮显光亮、果顶颜色变淡、果面条状或瘤状突起明显饱满时采收。
- **亩产量** 1500~2000kg。
- **特性** 葫芦科一年生蔓性草本植物。异花授粉。以果实、嫩梢及叶片供食。喜温暖气候，不耐低温。开花结果适温20~25℃，温度在30℃以上、15℃以下时不利生长、结果。喜光，不耐阴。喜湿，不耐涝。忌连作。对土壤要求不严格，但以排水良好、土层深厚的砂壤土或黏质壤土种植为好。
- **品种推荐** 大白苦瓜、绿龙苦瓜，大顶苦瓜、长身苦瓜、扬子洲苦瓜等。

- **栽培要点**

- 苦瓜种子种皮较厚，催芽较难，最好用温汤浸种，也可稍稍磕开种子尖嘴（注意不得损伤胚芽），以利加速出芽；
- 幼苗定植后要注意及时浇水、中耕；
- 一般都进行搭架栽培，插人字架或棚架；茎蔓爬架后，应及时摘去下部侧枝，但中上部不再整枝，可放任生长；在盛夏季节苦瓜生长繁茂，可采摘其嫩梢作菜用；
- 苦瓜结瓜多、收获期长，因此在进入结瓜期后应注意加强肥水管理；
- 要注意防治白粉病、炭疽病、霜霉病、病毒病、疫病、萎凋病、叶枯病以及瓜实蝇、番茄斑潜蝇、蚜虫及蓟马等为害。

小提示 因含有苦瓜皂甙而具特殊的苦味。还含有多种胺基酸、脂蛋白、果胶、维生素C、粗纤维以及钙、钾、磷等矿物盐。苦瓜性寒，味苦。具有清热祛暑、明目解毒、除腻开胃、凉血等功效。

丝瓜

（有普通丝瓜即圆筒丝瓜和有棱丝瓜即棱角丝瓜）

栽种难易指数★★☆☆

- **种植方式** 育苗移栽，也可种子直播。

- **播种期** 春种恋秋（秋延后）。育苗移栽3月下旬至4月上旬；直播4月底至5月上旬。

- **播种方式** 育苗移栽春播在温室、塑料棚中采用苗床或营养钵、穴盘播种育苗；直播采用平畦穴播。

- **亩用种量** 250g。

- **定植期** 5月上、中旬。

- **定植方式** 平畦或瓦垄畦栽植。

- **行株距** （83~100）cm×（33~50）cm。

- **收获期** 6月下旬至9月下旬。

- **采收标准** 开花后10天左右即可采收嫩瓜上市。

- **亩产量** 1500~2000kg。

- **特性** 葫芦科一年生攀缘性草本植物。异花授粉。以果实供食。喜温暖气候，耐热，茎叶生长适温20~30℃，开花结果适温25~35℃。喜光，但圆筒丝瓜（普通丝瓜）也能适应较弱光照。喜湿。对土壤质地要求不严，但对土壤营养的要求较高。

- **品种推荐** 圆筒丝瓜：棒丝瓜、线丝瓜；棱角丝瓜：夏棠1号、石棠丝瓜、碧绿等。

- **栽培要点**

- 定苗或定植后要及时浇水、中耕，以促进缓苗；

- 一般都进行搭架栽培，可插人字架或搭平棚；

- 丝瓜主蔓生长势强，若前期生长过旺，主蔓上幼瓜不易坐住，因此前期应适当控制浇水、加强中耕、进行蹲苗；

- 丝瓜一般先长主蔓并在主蔓结瓜，侧蔓多在主蔓爬满架、生长势减弱后才开始旺盛生长并结瓜，因此不需要进行摘心、整枝，只需摘去多余的细弱枝或过多的雄花即可；

- 注意及时采收，过晚易影响产品品质；
- 应注意防治霜霉病、疫病、炭疽病、褐斑病以及斑潜蝇、黄守瓜、瓜实蝇等为害。

小提示 含碳水化合物、蛋白质、维生素 C 和各种矿物盐等。丝瓜性平，味甘。具有除热利肠、痘疮不快，止咳平喘，止血、凉血等功效。

瓠瓜
（扁蒲、葫芦、蒲瓜、夜开花）

栽种难易指数 ★ ★ ☆ ☆

- 种植方式 育苗移栽。
- 播种期 春种或春种恋秋（秋延后）。3 月下旬至 4 月上旬。
- 播种方式 在温室、塑料棚中采用苗床或营养钵、穴盘播种育苗。
- 亩用种量 250g。
- 定植期 4 月底至 5 月上旬。
- 定植方式 平畦或瓦垄畦栽植。
- 行株距 （73~83）cm×（33~40）cm。
- 收获期 春种 6 月下旬至 8 月上旬，春种恋秋（秋延后）7 月至 10 月下旬。
- 采收标准 开花后 10~15 天，果皮白色茸毛还未脱落时采收嫩果。

- 亩产量 1500~2000kg。
- 特性 葫芦科一年生攀缘性草本植物。异花授粉。以果实供食。喜温暖气候，生长发育适温 20~25℃。喜光，对光照条件要求高，光照充足则生长发育良好。喜湿。最好在疏松、肥沃的土壤上种植。
- 品种推荐 有瓠子、圆扁蒲（大葫芦）、长颈葫芦、细腰葫芦四个种。食用栽培主要采用瓠子：线瓠子（长棒种）、牛腿瓠子（长筒种）和笨瓠子（短筒种）等；品种有：线瓠子、长瓠子、面条瓠子、孝感瓠瓜等。

- 栽培要点
- 瓠瓜种子种皮较厚并有绒毛，不

125

易透水，所以浸种时间宜稍延长一些；

● 瓠子多采用春种搭大架栽培，一般可插人字架；葫芦则多采用恋秋（秋延后）棚架栽培；

● 瓠子多为子蔓、孙蔓结瓜，当主蔓长有6~8片叶时进行摘心，以促进子蔓抽生，子蔓第1~2叶节即着生雌花，可选留1~2个健壮雌花，其上留1~2叶摘心，待果实坐住后定瓜；但需保留最上部一条子蔓，令其代替主蔓继续生长，此后抽生的孙蔓也如上法摘心；

● 也可在主蔓爬满架顶时摘心，对抽生的子蔓进行上法处理，此法虽不利于早熟，但好处是茎蔓生长较旺，植株不易衰老，采收期较长；

● 棚架栽培一般不进行整枝，让其放任生长；

● 要注意防治霜霉病、枯萎病、白粉病、疫病、炭疽病、病毒病、根结线虫病以及瓜蚜、黄守瓜、白粉虱、潜叶蝇等为害。

- - - - - - - - - - - - - - - - - - - -

　　小提示　含蛋白质、脂肪和维生素及矿物盐。瓠瓜性平、滑，味甘。具有消渴、利水道、润心肺、治石淋、除烦等功效。

- - - - - - - - - - - - - - - - - - - -

节瓜
（毛瓜）

栽种难易指数★★★☆

● **种植方式**　育苗移栽。

● **播种期**　春种。3月下旬至4月上旬。

● **播种方式**　在温室、塑料棚中采用苗床或营养钵、穴盘播种育苗。

● **亩用种量**　250g左右。

● **定植期**　5月上旬。

● **定植方式**　平畦或瓦垄畦栽植。

● **行株距**　83cm×（33~50）cm。

● **收获期**　7—8月。

● **采收标准**　嫩果重250~500g时采收。

● **亩产量**　2000~3000kg。

● **特性**　葫芦科一年生攀缘性草本植物。异花授粉。以果实供食。喜温暖气候，生长发育适温20~30℃，低于10±2℃易受寒

害，高温干燥和低于20℃的温度不利于坐果和果实生长。喜光，能耐较强光照。喜湿润，不耐涝，宜选排灌方便的地块种植。

• **品种推荐** 七星仔、黑毛节瓜、粤农节瓜、江心4号节瓜、山东农2号节瓜等。

• **栽培要点**

• 早春育苗应注意防寒保温，同时要注意通风降湿，土壤湿度不可过大，以防发生幼苗烂根和猝倒病；

• 需进行搭架栽培，多采用人字架，也可采用直篱架或棚架；

• 生长前期以主蔓结果为主，后期以侧蔓为主，故要在生长前期摘除植株下部侧枝，但需保留中部以上的侧枝；

• 前期要适当蹲苗，避免植株徒长，坐果后需肥量增大，应及时加强肥水管理；

• 应注意防治疫病、枯萎病、蔓枯病、病毒病以及蓟马和蚜虫等为害。

- -

　　小提示　含碳水化合物、蛋白质、维生素C等。

- -

越瓜和菜瓜

（脆瓜、酥瓜、梢瓜和老羊瓜、酱瓜）

栽种难易指数 ★★★☆

• **种植方式** 多为种子直播，少有育苗移栽。

• **播种期** 春种。直播：4月中、下旬；育苗移栽：3月中、下旬。

• **播种方式** 直播采用平畦穴播；育苗移栽在温室、塑料棚中采用苗床或营养钵、穴盘播种育苗。

• **亩用种量** 250g。

• **定植期** 4月下旬。

• **定植方式** 平畦栽植。

• **行株距** 167cm×（17~33）cm。

• **收获期** 7月中下旬至8月下旬。

• **采收标准** 开花后7~10天果实充分膨大、表面现光泽，颜色、花纹、瓜棱清晰、明显时采收。

• **亩产量** 2500kg左右。

• **特性** 葫芦科一年生蔓性草本植物。异花授粉。以果实供食。喜温，耐热，生长发育适温20~32℃。喜光，但耐阴。耐旱，

但不耐涝。抗病。对土壤质地要求不严。

- **品种推荐** 精选羊角蜜, 高密白梢瓜、白脆瓜、菜瓜, 津棚清脆菜瓜、津棚白玉菜瓜等。
- **栽培要点**
- 播种前最好先行浸种催芽, 待大部分种子出芽后再直播。一般采用穴播, 每穴播种子 3~5 粒;
- 第 1 片真叶及 2~3 片真叶展开时应各进行一次间苗, 第 4~5 片真叶展开时定苗, 每穴留 1 株健壮苗;
- 定苗后要及时进行摘心, 抽生子蔓后选留 2 条强壮者, 待子蔓长有 4~5 片叶时再行摘心, 抽生孙蔓后, 选留 6~8 条, 任其生长、结瓜; 也可选留 3~4 条子蔓, 待长有 6~8 片叶时摘心, 再各留 2~3 条孙蔓, 待孙蔓坐果后, 先端留 2~3 叶摘心, 然后放任生长。
- 抽蔓后结合中耕要进行一次根部培土和追肥, 进入结果期后要注意加强肥水管理;
- 要注意防治霜霉病、绵腐病、炭疽病以及潜叶蝇等为害。

小提示 含碳水化合物, 维生素 C 以及矿物盐等。越瓜性寒, 味甘。能解酒、利二便、通下焦、止渴除烦。

蛇瓜

(蛇丝瓜、蛇豆)

栽种难易指数 ★★☆☆

- **种植方式** 育苗移栽或种子直播。
- **播种期** 春种恋秋 (秋延后)。育苗移栽 3 月中下旬至 4 月上旬, 直播 5 月上旬。
- **播种方式** 育苗移栽春种在温室、塑料棚中采用苗床或营养钵、穴盘播种育苗; 直播采用露地平畦或瓦垄畦穴播。
- **亩用种量** 250~300g。
- **定植期** 5 月上中旬。
- **定植方式** 平畦或瓦垄畦栽植。

- 行株距 (83~100) cm×(33~50) cm。
- 收获期 6 月下旬至 10 月上旬。
- 采收标准 开花后 10 天左右采收嫩果。
- 亩产量 1500kg 左右。
- 特性 葫芦科一年生攀缘性草本植物。异花授粉。以果实、嫩茎叶供食。喜温暖气候，耐热不耐寒，生长适温 20~25℃，在 35℃高温下也能正常开花结果。喜光。喜湿，较耐干旱。喜肥耐肥，也较耐瘠薄。对土壤的适应性较广，各种土壤均可种植，但在土壤湿润、空气湿度较大条件下生长好、产量高。
- 品种推荐 蛇瓜、短棒蛇瓜等。
- 栽培要点 种子较难发芽，露地直播最好先进行浸种催芽，待大部分种子发芽后再穴播；
- 需进行搭架栽培，多采用人字架，也可搭棚架；
- 茎蔓上架前，应摘除侧蔓，或选留基部 1~2 条壮健侧蔓；上架以后，要注意进行引蔓，中后期可摘除老叶、病叶及多余侧蔓以利通风透光；
- 应注意防治病毒病、白粉病以及潜叶蝇等为害。

小提示 含蛋白质、碳水化合物以及其他营养物质。具有利水、清热、消肿等功效。

----

8 豆类蔬菜

菜豆
（四季豆、芸豆、芸扁豆）

栽种难易指数 ★★★☆

- **种植方式** 多为种子直播，也可育苗移栽。

- **播种期** 春、秋种。春种：直播4月中下旬，育苗移栽3月下旬至4月上旬；秋种：直播7月上旬（矮生品种）或8月上旬（蔓生品种）。

- **播种方式** 育苗移栽春种在温室、塑料棚中采用苗床或营养钵、穴盘播种育苗；直播采用露地平畦穴播。

- **亩用种量** 矮生品种10.00~12.5kg；蔓生品种6.00~7.5kg（小粒种子4.00~5.00kg）。

- **定植期** 春种4月底。

- **定植方式** 平畦栽植。

- **行株距** 矮生品种（33~40）cm×（20~27）cm；蔓生品种（67~80）cm×20cm。

- **收获期** 春种6月中下旬至8月上旬；秋种9月至10月上旬。

- **采收标准** 嫩荚充分膨大，豆粒尚未鼓起，荚肉未老化时采收。

- **亩产量** 矮生品种750~1000kg；蔓生品种1500~2000kg。

- **特性** 豆科一年生草本植物。自花授粉。以嫩豆荚供食。喜温暖气候，不耐高温、也不耐低温、霜冻，生长适温18~25℃。喜光。较耐旱，但不耐涝。适宜在土层深厚、松软、排水良好的沙壤土、粉壤土和一般黏土上种植，但不宜在低湿地和重黏土中种植。

- **品种推荐** 矮生类型：嫩荚菜豆、供给者、美国优胜者、冀芸2号；

- 蔓生类型：碧丰、超长四季豆、白丰、无筋白龙、锦州双季豆；秋抗6号、19号等。

- **栽培要点**

- 穴播时播种深度以3~5cm为宜；矮生菜豆每穴播3~4粒种子，间苗时留3株苗；蔓生菜豆每穴播3粒种子，间苗时留2株苗；

- 育苗移栽以小苗定植为好，一般在第一片复叶展开时即应移栽；

- 春种菜豆要注意进行苗期中耕，第 1 次在出齐苗后或移栽缓苗后进行，第 2 次应在开始抽蔓（蔓生菜豆），或在植株团棵以前（矮生菜豆）进行，并同时进行培土，以促进发根，此后应注意除草，不宜再进行中耕；
- 菜豆植株前期较易徒长，缓苗后至开花结荚前需适当进行蹲苗（一般结合第二次中耕进行），其间一般不行浇水；
- 进入开花结荚期，植株需要大量的水分和养分，应进行重点浇水和施肥；秋种的菜豆一定要注意选用相宜的品种；
- 要注意防治花叶病毒病、炭疽病、锈病、细菌性疫病以及豆蚜、白粉虱、斑潜蝇、红蜘蛛、侧多食跗线螨等为害。

小提示　富含蛋白质、维生素、矿物盐等。

豌豆
（荷兰豆）

栽种难易指数★★☆☆☆

- **种植方式**　种子直播。
- **播种期**　春种。3 月上旬。
- **播种方式**　露地平畦开沟条播或

穴播。

- **用种量**　矮生品种 22.5~30g/m²，蔓生品种 11.25~15g/m²。
- **行株距**　矮生品种行距 27~30cm 或 50cm（开沟宽条播），蔓生品种则以 8~10cm 株距进行穴播（每穴播种子 2~3 粒）。
- **收获期**　5 月下旬至 6 月上旬。
- **采收标准**　硬荚品种在豆粒饱满时采收，软荚品种嫩豆粒未饱满及豆荚未纤维化时采收。
- **亩产量**　500~750kg。
- **特性**　豆科一年生或两年生攀缘性草本植物。自花授粉。以嫩豆荚、嫩豆供食。喜冷凉干燥气候，不耐热，开花结荚要求 15~20℃温度以及较强和较长的日照。幼苗能耐一定的干旱。对土壤要求不很严格。
- **品种推荐**　硬荚品种：台中 11 号，春早豌豆，中豌 4 号、6 号、草原 9 号豌豆；软荚豌豆：甜脆食荚豌豆、食荚甜脆豌 1 号、草原 31、甜脆豌豆（877）、大荚豌豆等。

- 栽培要点
- 播种宜早,土壤解冻后即可播种,一般要求不出"九",晚播则产量降低。为提早播种,也可采用地膜覆盖,种子出土后揭去地膜;
- 豌豆具根瘤菌,可固定空气中的氮,故生长期间氮肥施用要适当控制,以避免植株徒长;
- 软荚豌豆多为蔓生品种,一般在苗高7~15cm时即应搭架(直篱架或人字架),并结合进行中耕、除草和培土;
- 软荚豌豆攀缘能力差,应注意及时进行引蔓、绑蔓;
- 应注意防治立枯病、白粉病、根腐病、凋萎病以及潜叶蝇、蓟马、叶螨、甜菜夜蛾、蚜虫等为害。

小提示 嫩荚含碳水化合物、蛋白质和胡萝卜素,并含有人体必需的氨基酸等。豌豆味甘,性平。可除吐逆、止痢泻、益中平气、下乳汁。

长豇豆
(豇豆、带豆)

栽种难易指数 ★★★☆

- **种植方式** 多采用种子直播,也可育苗移栽。

- **播种期** 春种(早春或晚春)。直播4月中、下旬或5月中旬至6月上旬;育苗移栽3月下旬至4月上旬或4月下旬至5月中旬。
- **播种方式** 育苗移栽在温室、塑料棚中采用苗床或营养钵、穴盘播种育苗;直播采用露地平畦或瓦垄畦穴播。
- **用种量** 4.5~6g/m^2。
- **定植期** 4月下旬或5月下旬至6月中旬。
- **定植方式** 平畦或瓦垄畦栽植。
- **行株距** 矮生或半蔓生品种50cm×27cm;蔓生品种(66~83)cm×(20~30)cm。
- **收获期** 矮生或半蔓生品种6月中下旬至7月底;蔓生品种7月上旬至8月上中旬或7月下旬至9月初。
- **采收标准** 开花后10~12天采收。
- **亩产量** 750~1500kg。
- **特性** 豆科一年生草本植物。自花授粉。以嫩豆荚供食。喜温暖气候，耐高温，不耐霜冻，生长适温20~30℃，20℃以下豆荚生长将受阻。喜光，部分品种需短日照才能开花结荚。较耐旱，但结荚期要求较高湿度。对土壤的适应较广，但最好在土质疏松、排水良好的沙质壤土及壤土上种植。

• **品种推荐** 矮生品种：之豇矮蔓1号、美国无架、黄花青；蔓生品种：之豇106、19、844，丰豇1号、翠豇、铁线青、紫豇豆等。

• **栽培要点**

• 蔓生品种需进行搭架栽培，矮生或半蔓生品种则无需插架，但应在抽蔓时（6月上旬）进行摘心；

• 穴播时，一般每穴播种子4~5粒，间苗后留2~3株苗；

• 蔓生品种一旦主蔓抽伸（甩蔓）时即应及时插架，为防止相邻茎蔓相互缠绕，需进行人工辅助绕蔓2~3次，当主蔓伸出架材顶部时，应及时摘心；

• 开花结荚前植株容易徒长，应适当进行蹲苗，控制浇水，防止光长秧不结荚；开花后需经常保持土壤湿润，以避免落花；结荚后应加强肥水管理；应注意防治花叶病毒病、锈病、煤霉病、疫病以及豆蚜、豆野螟、甜菜夜蛾、潜叶蝇等为害。

小提示 富含蛋白质、脂肪及淀粉。长豇豆性寒、平，味甘。具有理中益气、补肾健脾、和五藏、生精等功效。

菜用大豆
（毛豆）

栽种难易指数 ★★☆☆

• **种植方式** 种子直播。

• **播种期** 春种。4月下旬至5月上旬。

• **播种方式** 露地平畦穴播或条播。

• **亩用种量** 穴播3~4kg，条播5~6kg。

• **行株距** （33~40）cm×（17~30）cm，条播时行株距稍小。

• **收获期** 8月。

• **采收标准** 豆荚有八成已鼓粒、荚色仍呈绿色时采收青荚。

• **亩产量** 500~600kg。

- **特性** 豆科一年生草本植物。自花授粉。以嫩豆粒供食。喜温暖气候，生育适温 20~25℃。喜光。喜湿，花期干旱或多雨易引起落蕾、落花。对土壤条件要求不严。对磷、钾肥反应敏感。
- **品种推荐** 浙农 3 号、AGS292、夏丰 2008、六月白等。
- **栽培要点**
- 穴播时每穴播种子 4~6 粒，齐苗后子叶展开时以及第 1 对单叶展开前进行 1、2 次间苗，每穴留 2 株苗。条播的按 12cm 间距留苗；
- 播种时应同时在行间另播种一些种子作为候补用苗，也可利用间苗时间出的健壮苗进行补苗，以避免缺苗断垄；
- 开花期土壤水分和氮肥过多，植株易徒长，易引起落花、落蕾；在稍后的开花结荚期缺水则将造成大量落花、落荚，应注意及时浇水；
- 注意防治病毒病、褐斑病、灰斑病以及豆蚜、豆荚螟、豆杆黑潜蝇、造桥虫等为害。

小提示 含蛋白质、脂肪、胡萝卜素及维生素、氨基酸等。大豆性温，味甘。具有宽中下气、消水健脾、补益羸瘦等功效。

扁豆
（蛾眉豆、眉豆）

栽种难易指数 ★★☆☆

- **种植方式** 多为种子直播，也可育苗移栽。
- **播种期** 春种恋秋（秋延后）。直播 4 月中下旬，育苗移栽 3 月。
- **播种方式** 直播采用露地平畦或瓦垄畦穴播；育苗移栽在温室、塑料棚中采用苗床或营养钵、穴盘播种育苗。
- **亩用种量** 早熟品种 5~7.5kg。
- **定植期** 4 月下旬至 5 月上旬。
- **定植方式** 平畦或瓦垄畦栽植。
- **行株距** （66~80）cm × 50cm。
- **收获期** 8 月上旬至 10 月。
- **采收标准** 豆荚充分长大、表面刚显鼓粒，嫩荚未硬化时采收。
- **亩产量** 500kg 左右。
- **特性** 豆科多年生或一年生草本植物。自花授粉。以嫩豆荚供食。喜温暖气候，较耐热，生育

适温 18~30℃，嫩荚生长最适温度
21℃。属短日照作物，不同品种对
日照长度要求有所差异，有的品种
入秋前较少开花结荚。较耐旱，不
耐涝。对土壤要求不严，但以排水
良好的砂质壤土种植为好，在重黏
土上种植要十分注意田间排水。

- **品种推荐** 早熟扁豆、白扁豆、
紫边扁豆、紫扁豆等。

- **栽培要点**

- 穴播时每穴播 3~4 粒种子，间苗
后每穴留 2 株苗；

- 需行搭架栽培，当蔓长 30~35cm
时，及时用粗竹竿插人字架或棚
架，并同时进行引蔓上架，以后任
其攀援生长；

- 由于生长期较长，种植前应施足
底肥，开始采收后要加强水肥管
理，雨季时要注意及时排涝；

- 扁豆还可在沟旁、地边、篱沿、
墙下进行零散种植，均能取得良好
的收成；

- 要注意防治炭疽病、锈病和病
毒病以及蚜虫、害螨和豆荚螟等
为害。

- - - - - - - - - - - - - - - - - -
　　小提示 含蛋白质及钙、
磷、铁等矿物盐。白扁豆性微
温，味甘。具有和中、下气，补
五脏，主呕逆等功效。
- - - - - - - - - - - - - - - - - -

蚕豆
（胡豆、罗汉豆）

栽种难易指数 ★ ★ ☆ ☆

- **种植方式** 种子直播。
- **播种期** 春种。3 月下旬。
- **播种方式** 露地平畦穴播。
- **亩用种量** 10~12.5kg。
- **行株距** 50cm × （20~27）cm。
- **收获期** 6 月收嫩豆（7 月上中
旬受收干豆）。
- **采收标准** 果荚和种子已饱满，
豆脐变黄色时采收。
- **亩产量** 600kg 左右。
- **特性** 豆科一二年生草本植
物。多为自花授粉（异交率
20%~30%）。以嫩豆粒供食。喜温
凉气候，较耐寒，不耐热，生长适
温 16~25℃。喜光。喜湿，但不耐
旱涝。磷肥对产量有较好增效。对

土壤条件要求不很严格，但以选择土层深厚、疏松、保水保肥能力强的黏土、粉沙土或重壤土种植为好。

• **品种推荐** 多采用大粒品种如白花大粒、慈溪大粒1号、阿坝大金白、大青扁以及青海12号等。

• **栽培要点**

• 蚕豆对种植条件要求较严格，选用品种时要注意品种原产地纬度或海拔高度。由高纬度、高海拔地区向低纬度、低海拔地区引种，生育期将比原产地延长；

• 穴播时每穴可播种子2~3粒；

• 早抽生的分枝一般都能开花结果，迟抽生的则多为无效分枝，在植株进入初花期时应结合中耕培土摘去无效枝和弱枝，以利田间通风透光、避免空耗养分；在开花坐荚后期应及时进行摘心，以利果荚膨大；

• 进入结荚期后应加强肥水管理；

• 要注意防治赤斑病、褐斑病、锈病以及豆蚜和豆象等为害。

小提示 富含碳水化合物、蛋白质和多种维生素。蚕豆性微辛，平，味甘。可快胃、和脏腑，治慢性肾炎水肿。

----

9 葱蒜类蔬菜

洋葱

（葱头）

栽种难易指数 ★★★☆

- **种植方式**　育苗移栽。
- **播种期**　春种。8月下旬至9月上旬。
- **播种方式**　露地平畦撒播，就地防寒越冬或假植（遮荫地埋藏）越冬。
- **亩用种量**　每亩播4~4.5kg，可移栽8~9亩地。
- **定植期**　翌年3月中旬。
- **定植方式**　平畦栽植。
- **行株距**　（13~20）cm×13cm。
- **收获期**　6月下旬至7月上旬。
- **采收标准**　鳞茎充分膨大，地上部倒伏时收获。
- **亩产量**　2000~3500kg。
- **特性**　葱科二年生草本植物。异花授粉。以鳞茎（葱头）供食。耐寒、适应性广，幼苗能忍耐 −7~−6℃的低温，生长适温15~25℃，鳞茎肥大适温15~25℃，温度超过26℃时鳞茎即休眠。不同品种鳞茎（葱头）形成对日照长度的要求有所不同。喜湿。对土壤质地要求不严，但需肥沃，水分充足。
- **品种推荐**　黄皮洋葱、熊岳洋葱、南京黄皮，紫皮葱头、淄博红皮洋葱、紫星等。
- **栽培要点**
- 播种一定要适期，过晚，越冬时幼苗太小、易死苗，过早，越冬时幼苗过大、来年易引起未熟抽薹，影响产量；
- 小雪前后可将幼苗刨起，在遮阴处埋藏（假植）越冬，也可就地浇冻水、防寒（覆地膜）越冬；
- 注意大、小苗应分别栽植，以便管理；定植切勿过深，否则茎叶易徒长，而鳞茎小、产量低；
- 洋葱根系浅、吸收能力弱，因此对土壤肥力和水分要求较高，尤其在鳞茎膨大期不能缺水缺肥，但在鳞茎膨大前应根据植株生长势酌情进行蹲苗，以控制植株徒长；
- 对未熟抽薹的植株，可在花薹刚长花苞时将薹摘去，以减少对鳞茎膨大的影响；
- 应注意防治紫斑病、霜霉病以及葱潜蝇、葱蓟马等为害。

小提示 含有碳水化合物、维生素和矿物盐、植物杀菌素等。洋葱性微辛温。可健胃进食、理气宽中。

大蒜
（蒜、蒜头）

栽种难易指数 ★★☆☆

- **种植方式** 用鳞芽（蒜瓣）直播。
- **播种期** 秋种或春种。春种3月上旬，秋种9月中、下旬。
- **播种方式** 垄作或平畦播栽。
- **亩用种量** 75~100kg。
- **行株距** 平畦:（23~27）cm×（10~12）cm；垄作:垄距66cm，每垄2行，株距8~10cm。
- **收获期** 5月下旬至6月上旬收蒜薹；春种6月下旬，秋种5月下旬至6月上旬收蒜头。
- **采收标准** 蒜薹在顶部开始打弯时采收，蒜头于充分膨大时刨收。
- **亩产量** 蒜薹100~400kg，蒜头1250~3500kg。
- **特性** 葱科一二年生草本植物。无性繁殖。以鳞茎（蒜头）、柔嫩假茎、叶片和花薹供食。喜冷凉气候，植株能耐−10℃短期低温，

生育适温18~20℃，超过26℃鳞茎（蒜头）即停止生长。鳞茎（蒜头）形成与日照关系密切。喜湿怕旱。对土壤要求不严，但以肥沃、富含有机质、透气，保水、排水良好的壤土或轻黏壤土种植为好。

- **品种推荐** 山东苍山大蒜、金乡白蒜、嘉祥大蒜，苏联大蒜、陕西蔡家坡紫皮蒜等。
- **栽培要点**
- 秋播比春播产量高，但必须适时播种，过早或过迟都不利于幼苗越冬，一般以越冬前长有4~5片叶为好，越冬前要注意浇冻水，并用地膜等进行防寒覆盖；春种不要晚于春分，否则产量会降低、且易出现独头蒜；
- 播种前应做到土地整平、整细，肥料腐熟、捣碎、施匀；播种时应做到对种蒜瓣进行分级，大、中、小瓣分别播栽；
- 春种地温低，播种时最好开小沟

先灌水，播栽后覆土，垄作时可在垄沟灌小水，在垄背两侧水印线下播栽（按蒜，即将种蒜瓣插入湿土中，稍覆垄背干土）；秋种气候适宜，可采用打孔或开浅沟播栽，覆土镇压后再浇水；生长前期要适当控制浇水，注意中耕松土保墒，促进根系发育，避免植株徒长和过早"退母"（种蒜瓣开始腐烂），此后要注意经常浇水保持土壤湿润；"退母"期叶尖发黄时、蒜薹甩尾时以及蒜头迅速膨大时要注意分别进行追肥；

• 蒜薹应及时采收，以免影响蒜头膨大，采薹前要停止浇水，以减少提薹时的折断损耗；

• 要注意防治霜菌病、叶枯病、紫斑病、细菌性软腐病、花叶病毒病以及葱地种蝇、葱潜蝇、葱蓟马等为害。

小提示 蒜头含有大蒜素，具抑菌和杀菌能力，还含有维生素C、粗纤维以及钙、磷、铁等矿物盐。大蒜性温、味辛。具有归脾肾，杀菌止痢，除邪痹毒气，理胃温中等功效。

韭菜

（起阳草、懒人菜）

栽种难易指数 ★★★★

• **种植方式** 育苗移栽，也可用种子直播。

• **播种期** 3月上旬至5月中旬。春季播种，夏秋栽植，多年生长。

• **播种方式** 育苗移栽采用露地平畦撒播，直播采用露地平畦开沟宽幅条播。

• **亩用种量** 直播3~3.5kg，育苗地每亩播7.5~10kg，可供8~12亩地用苗。

• **定植期** 7月下旬至8月上旬。

• **定植方式** 平畦穴栽。

• **行株距** 直播时行株距为（27~33）cm，育苗移栽一般为（17~20）cm见方或（33~40）cm×27cm。

• **收获期** 4月上旬至7月上旬（收3~4次）。

• **采收标准** 株高30cm左右时收割。

• **亩产量** 3000~3500kg。

• **特性** 葱科多年生宿根性草本植物。异花授粉。以叶、薹、花苞（花序）供食。喜冷凉气候，适应性广，耐低温、地下根状茎可耐 -40℃低温，不耐高温，生长

适温 12~23℃。较耐阴。在冷凉气候和中等光照强度下生长良好。喜湿，不耐涝。对土壤适应能力强，在沙土、壤土和黏土中均可种植。但以土层深厚、有机质丰富，保水保肥能力强的壤土最有利于获得优质高产。

• **品种推荐** 河南 791 韭菜、平韭 4 号、扶沟中绿韭菜 1 号，汉中冬韭，诸城大金钩、寿光马蔺韭，铁丝苗等。

• **栽培要点**

• 采用直播，能节约劳力，但占地时间长，苗期管理不便，易发生草荒，难于全苗，用种量也大；育苗移栽较费时费力，但能节约用种，移栽后易保全苗，当年产量低，但以后每年产量均高于直播韭菜；

• 种子寿命只有一年，应注意选用新种子；可干籽播种，也可浸种催芽后播种；

• 幼苗株高在 20cm 左右、有 5~6 片

叶时即可定植，定植不宜过晚；定植前将幼苗挖出理齐，剪去部分叶片（留 20cm 长），再剪齐须根（留 3~4cm 长），然后挖深穴、深栽，每穴栽 20~30 棵，栽后覆土、留出穴坑，以便浇水时多积水利于缓苗；

• 高温多雨季节要注意防涝，以免发生烂根死苗；秋季是韭菜生长最适宜季节，需及时追肥浇水，以促进养分积累，提高来年产量；

• 土壤封冻前应浇灌冻水，最好在韭菜上覆盖一层土杂肥，对防寒、安全越冬和来年植株返青都有很好的效果；

• 入春后韭菜返青时要及时清除田间枯叶，进行行间中耕，以保墒增温，促进生长；若土壤墒情好第 1 次收割前可以不浇水，若墒情不好则可在韭菜出土后少量浇水（浇小水），但此后每收割一次，就要进行一次浇水追肥；

• 应注意防治疫病、锈病以及迟眼蕈蚊（俗称韭蛆）、韭萤叶甲等为害。

　　小提示 因含有挥发性物质硫化丙烯而具辛香味。还含有碳水化合物，蛋白质及多种维生素等。韭菜性辛、温，味微酸、涩。可除胃热、安五藏、活血壮阳。

大葱
（青葱、水沟葱、老干葱）

栽种难易指数 ★★★★

- **种植方式** 育苗移栽。
- **播种期** 9 月中下旬。秋种、来年夏栽冬收。
- **播种方式** 露地平畦撒播或窄行条播。
- **亩用种量** 500~1000g。
- **定植期** 水沟葱：第二年 5 月，老干葱：第二年 5 月中旬至 6 月下旬。
- **定植方式** 开沟栽植。
- **行株距** 水沟葱（53~60）cm ×（6~7）cm（每沟 1~2 行），老干葱 66cm 或（87~100）cm ×（5~7）cm（每沟 1~2 行）。
- **收获期** 水沟葱 8~9 月，老干葱 10 月中下旬至 11 月上旬。
- **采收标准** 假茎（葱白）已肥大或充分肥大、并充实时刨收。
- **亩产量** 水沟葱 1500~ 2000kg，老干葱 1500~3000kg。
- **特性** 葱科二、三年生草本植物。异花授粉。以假茎（葱白）、嫩叶供食。喜冷凉气候，适应性广，较耐寒，能在 −20℃ ~45℃温度下成活，生长适温 13~25℃。喜中等光照。耐旱，不耐涝。要求土层深厚、有机质丰富、排水良好的壤土种植。

- **品种推荐** 章丘大葱（气煞风、大梧桐）、鲁大葱 1、4 号，莱芜鸡腿葱、鲁大葱 3 号等。

- **栽培要点**
- 种子寿命只有一年，应注意选用新种子；播种不要过早，以降低抽薹率，增加产量；如来年开春以食用小葱或青葱为目的，则应提前在 8 月播种；
- 播种时可先浇透底水，再撒种，然后覆过筛细土，厚约 1.5cm；或在畦内按约 15cm 行距开深 2.0~3.0cm 的浅沟，再将种子条播于沟内，然后搂平畦面，随即浇水或随即镇压接墒（若墒情好）；

- 为安全越冬，土壤将结冻前，要浇一次"冻水"；返青后要进行一次间苗，随即浇返青水，谷雨前后可追一次肥，促进幼苗生长；

- 为长好假茎（葱白），开沟、定植要深，培土要适时，8月中下旬前可分2~3次将沟覆平（放土封沟），8月下旬、9月下旬再各培一次土；定植越夏后，植株生长加速时（立秋前）以及葱白迅速肥大时（处暑前）应注意进行追肥、浇水；雨季要注意排涝；

- "水沟葱"收获期不很严格，"老干葱"一般应在土壤封冻前收完，部分生长不良者也可待到第二年3月底至4月中旬收获，俗称"羊角葱"；

- 若要收获"小葱"则应在8月上旬至9月上旬进行露地平畦撒播或密条播，播种量每亩3.0~3.5kg，第二年4月中旬至5月上旬收获，每亩产量2000~3000kg；

- 应注意防治紫斑病、霜霉病、锈病、病毒病以及烟（葱）蓟马、葱斑潜蝇、葱地种蝇等为害。

小提示 因含有硫化丙烯而具辛香味，并含有碳水化合物、蛋白质等。大葱性平、温，味辛。具有发汗解表、健胃理气、消肿利二便等功效。

细香葱

（四季葱、香葱）

栽种难易指数★★☆☆

- **种植方式** 育苗移栽。

- **播种期** 春种或夏种。春种2月中旬至3月上旬；夏种5月上中旬。

- **播种方式** 春种在温室、塑料棚中采用苗床播种育苗；夏种在露地播种育苗。

- **亩用种量** 每亩播种2~4kg，可供8亩地以上用苗。

- **定植期** 春种4月上旬；夏种6月中下旬。

- **定植方式** 平畦穴栽。

- **行株距** （12~20）cm×（8~10）cm，每穴栽3~5棵。

- **收获期** 春种6月上旬至7月，夏种8月中旬至9月。

- **采收标准** 苗高30~35cm，葱白0.5~0.6cm粗时采收。

- **亩产量** 1000~1500kg。

- **特性** 葱科多年生草本植物，常作二年生蔬菜栽培。以嫩叶、假茎供食。喜冷凉气候，耐寒，抗热性较弱。耐阴。喜湿，耐旱性较弱。耐肥，对土壤适应性较广。
- **品种推荐** 上海四季葱、福建细香葱、广西细香葱、嵊县四季小香葱、日本四季小香葱等。
- **栽培要点**
- 当幼苗长有 2~3 片真叶，苗高 15cm 左右时即可定植，定植宜稍深，一般以 4~5cm 为好；
- 定植缓苗后可适当控制浇水，进行 1~2 次中耕，以促进发根，此后应进行小水勤浇，经常保持土壤湿润；
- 生长期间应注意及时除草；若底肥不足，可适当进行追肥；
- 夏种可在定植前 40~50 天播种育苗，定植后遇高温时可用遮阳网覆盖；
- 要注意防治霜霉病、锈病、软腐病以及葱蓟马、葱斑潜蝇、红蜘蛛等为害。

小提示 具香辛味，含有碳水化合物、蛋白质、维生素A、膳食纤维以及磷、铁、钙等矿物盐。

韭葱
（扁叶葱、海蒜、洋大蒜）

栽种难易指数 ★★☆☆

- **种植方式** 多为育苗移栽，也可种子直播。
- **播种期** 春种 3~4 月。多为春种（也可秋种）。
- **播种方式** 春种在温室、塑料棚中采用苗床或穴盘播种育苗。
- **亩用种量** 450~500g。
- **定植期** 5~6 月。
- **定植方式** 收嫩苗：平畦栽植；收假茎（葱白）：开沟栽植。
- **行株距** 收嫩苗：20cm×5cm；收葱白时应为：（60~70）cm×（10~15）cm。
- **收获期** 夏秋收嫩苗，10月下旬收葱白。
- **采收标准** 假茎充分肥大时采收；对嫩苗采收大小要求不严。
- **亩产量** 2000~2500kg。
- **特性** 葱科二年生草本植物。异花授粉。以假茎（葱白）、花薹、嫩叶供食。喜温和、湿润气候，耐寒，耐热，生长适温 18~22℃。喜光，较耐阴。较耐干旱、不耐涝。对土壤的适应性广较广，但最好在疏松、通气性好，有机质丰富的黏壤土上种植。

• **品种推荐**　扁叶葱、邯郸韭葱、上海韭葱、卜鲁赛克、美国花旗韭葱等。

• **栽培要点**

• 苗高 5~6cm 时要间一次苗，苗龄 50~60 天时定植；

• 为提高品质，可在假茎（葱白）2~3cm 粗时开始进行培土，共进行 2~3 次，最后一次培土后 30 天即可收获；

• 假茎（葱白）迅速肥大时应注意加强肥水管理；

• 也可进行秋种，7 月露地直播，翌年 3~4 月陆续收假茎（葱白）或留至 5 月采收花薹，然后再收假茎（葱白）；

• 也可进行直播，一般采用条播，行距 15cm 左右，定苗前幼苗可陆续间拔上市；

• 较少发生病虫害。

　　小提示　含有碳水化合物、蛋白质、各种维生素以及钙、磷、铁等矿物盐。

10 / 薯芋类蔬菜

马铃薯
（洋芋、土豆、山药蛋）

栽种难易指数 ★★★☆

- **种植方式** 种薯催芽播栽。
- **播种期** 以春种为主，也可秋种（二季作）。春种 3 月下旬至 4 月上旬，秋种（二季作）7 月底至 8 月初。
- **播种方式** 春种采用开沟穴播，秋种采用起垄穴播。
- **亩用种量** 75~100kg。
- **行株距** 早熟品种（50~60）cm ×（17~27）cm，中晚熟品种 70cm × 30cm。
- **收获期** 春种 7 月上旬至 8 月上旬，秋种（二季作）10 月下旬。
- **采收标准** 茎叶显枯黄时刨收。
- **亩产量** 春种 1000~1500kg，秋种（二季作）750kg 左右。
- **特性** 茄科一年生草本植物。自花授粉。一般为无性繁殖。以块茎供食。喜冷凉气候，块茎膨大适温 14~21℃。喜光，茎叶生长需要长日照和较强光照，块茎形成和膨大需短日照。对土壤质地适应性较广，但最好在沙性轻质土壤上种植。
- **品种推荐** 费乌瑞它、早大白、中薯 2 号、中薯 6 号、坝薯 9 号、克新 1 号等。
- **栽培要点**
- 播前一个月将种薯放在室内（温度 18~20℃）黑暗下暖种、催芽，待幼芽长出后，降温至 8~12℃，并移至散射光下壮芽；
- 用消过毒的刀具将种薯切成 35~45g 重的切块，注意每个切块应带有 1~2 个芽（1~2cm 长），并立即用含有杀菌剂的草木灰拌种，使伤口尽快愈合；
- 在地温较低且土壤潮湿时宜浅播（3~5 cm 深）；相反，在地温较高而土壤干燥时，应深播（约 10cm 深）；

- 春播地温低，播栽时最好浇暗水（开沟播栽、浇水后覆土），若土壤墒情好也可先不浇水，待到出苗后再浇水；
- 植株开花封垄前，要结合中耕除草陆续进行2~3次培土；
- 前期要注意适当控水，避免植株徒长，薯块膨大期应注意加强肥水管理；雨季要注意排涝；
- 应注意防治病毒病、早疫病、青枯病、软腐病、晚疫病、环腐病、疮痂病以及番茄斑潜蝇、蚜虫、南黄蓟马、细螨等为害。

小提示　富含淀粉，还含有糖、蛋白质、膳食纤维、矿物盐以及维生素 C、B$_1$、B$_2$ 等。马铃薯性平、寒，味甘。生食可解药毒，熟食可厚肠胃、去热嗽。

芋头
（芋艿）

栽种难易指数 ★★★☆

- **种植方式**　种芋直播。
- **播种期**　4月中下旬。春种秋收。
- **播种方式**　开沟穴播。
- **亩用种量**　100~200kg。
- **行株距**　（70~83）cm×（30~

40）cm。

- **收获期**　10月下旬。
- **采收标准**　叶片由绿转黄时刨收球茎（芋头）。
- **亩产量**　1500kg左右。
- **特性**　天南星科多年生宿根性湿生草本植物。无性繁殖。以球茎（芋头）、叶柄和花梗供食。喜温暖气候，生长适温21~27℃，球茎膨大要求较高温度和较大的昼夜温差。较耐阴。喜湿。耐肥。最好在土层深厚、肥沃、富含有机质、保水力强的黏质壤土上种植。忌连作。
- **品种推荐**　莱阳毛芋等。
- **栽培要点**
- 芋生长期长，底肥应施足，宜多施有机肥，适当配施磷、钾化肥；
- 北方多采用旱种，播种宜深，一般覆土约10cm厚；
- 芋喜湿，怕干旱，生长盛期及球茎膨大期需充足水分，应注意勤浇水，同时还需结合培土进行多次（3~4次）追肥；

- 在精细管理条件下，可进行侧芽摘除，一般仅保留叶片肥大、强壮的 3 个侧芽；
- 也可采用小高畦宽窄行双行栽培，大行距 70~80cm，小行距 25cm 左右，株距 30~40cm，若结合进行地膜覆盖，也可不培土、不除芽；
- 要注意防治细菌性软腐病、疫病以及蚜虫、夜盗虫、条纹天蛾及长角蚁象等为害。

　　小提示　球茎富含淀粉、蛋白质、钾、钙、磷、铁等矿物盐以及维生素 A、C 和膳食纤维等。芋味辛，性平、滑。具有宽肠胃、充肌肤、疗烦热、破宿血等功效。

姜
（生姜、黄姜）

栽种难易指数★★★★★

- **种植方式**　种姜催芽直播。
- **播种期**　5 月上旬。春种秋收。
- **播种方式**　开沟播栽。
- **亩用种量**　150~250kg。
- **行株距**　60cm（双行）×（17~27）cm（调按即错开播栽）。
- **收获期**　10 月下旬刨收。

- **采收标准**　初霜前及时收获。
- **亩产量**　1500kg 左右。
- **特性**　姜科多年生草本植物，作一年生蔬菜栽培。无性繁殖。以根茎供食。喜温暖气候，不耐寒、不耐霜，茎叶生长适温 25~28℃，根茎生长适温 18~25℃。喜光、但较耐阴，发芽期要求黑暗，幼苗期在高温、强光下生长不良，生长盛期要求光照充足。喜湿，不耐干旱。对土壤适应性较广，在砂土、壤土或黏土上，都能正常生长，但以土层深厚、疏松、富含有机质、通气和排水良好的土壤栽培为好。
- **品种推荐**　鲁姜 1 号、山东（莱芜）小姜、山东（莱芜）大姜等。
- **栽培要点**
- 播前一个月左右，取选好的姜种在暖和处平铺晾晒 2~3 天，然后在 20~25℃温度下保持适当湿度进行催芽，待幼芽长 0.5~1.5cm 时即可播栽；
- 将种姜掰成大小为 50~75g 的小姜块，播栽时注意使芽统一朝一个方向，覆土厚2~3cm；

- 出苗后一定要在幼苗南侧插荫障；6月注意重点防治姜螟，8月上旬撤荫障，培土，加强肥水管理；

- 原来播栽的种姜块（姜母）也可收回，俗称"偷姜娘"；

- 在北京种姜生长期稍欠不足，如能进行地膜覆盖，则将获得明显的增产；

- 要注意防治腐烂病、斑点病、纹枯病、炭疽病以及亚洲玉米螟（姜螟）、异型眼蕈蚊、猿叶虫、烟蓟马等为害。

小提示　含有挥发油和姜辣素、多种维生素及矿物盐。姜性微温，味辛。具有除风邪寒热、伤寒头痛鼻寒，咳逆上气，止呕吐，去痰下气功效。

山药

（薯蓣、大薯）

栽种难易指数 ★★★★

- 种植方式　采用"栽子"（块茎前端部）或"段子"（块茎切段）平畦播栽。

- 播种期　4月中下旬。春种秋收。

- 播种方式　开深沟或打洞穴栽。

- 亩用种量　20~25kg（采用山药

（引自《中国农业百科全书》蔬菜卷）

"栽子"）。

- 行株距　83cm×27cm。

- 收获期　10月下旬。

- 采收标准　茎叶经初霜枯黄时收获。

- 亩产量　500~750kg。

- 特性　薯蓣科一年生或多年生缠绕性藤本植物。无性繁殖。以地下块茎、气生块茎（零余子）供食。喜温暖气候，怕霜冻，但块茎极耐寒，生长适温25~28℃，块茎生长适宜地温20~24℃。喜光，较耐阴，块茎生长需较强光照。喜干燥，耐旱，忌涝。喜充分腐熟的有机肥和磷钾肥。最好在土层深厚、肥沃、排水良好的砂壤土上种植。

- **品种推荐** 多采用长柱种：河北麻山药、武陟山药，河南怀山药，江西淮山药等。
- **栽培要点**
- 长柱种多采用块茎上端有隐芽的较细一段"芽嘴子"（即"栽子"）长30~40cm，重100g左右作为播栽材料；也可用采用"山药段子"，将山药切成重100~150g、长8~10cm的小段或气生块茎即零余子播栽；
- 长柱种块茎入土很深，一般需采用挖沟法进行局部深翻，在种植行位置开挖宽25cm、深0.5~1m的沟，将原土回填后作畦；
- 出苗后应及时搭架，通常插人字架，抽蔓后要及时进行扶蔓；
- 山药生长期长，除应多施底肥，前期适当浇水外，还应在幼苗开始发棵、植株显蕾、茎叶与块茎开始旺盛生长时加强追肥、浇水等管理；雨季时要注意及时排涝；
- 应注意防治根结线虫、炭疽病、斑枯病、褐斑病以及蝼蛄、蛴螬、小地老虎和沟金针虫等为害。

小提示 富含碳水化合物、蛋白质以及副肾皮素。山药性温、平，味甘。具有益肾气、健脾胃、止泄痢、化痰涎、润皮毛等功效。

菊芋
（鬼子姜、洋姜）

栽种难易指数 ★☆☆☆

- **种植方式** 小块茎直播。
- **播种期** 4月。春种秋收。
- **播种方式** 开沟穴播。
- **亩用种量** 50kg。
- **行株距** 66cm × 33cm。
- **收获期** 10月下旬。
- **采收标准** 茎叶枯黄至土壤上冻前刨收。
- **亩产量** 1000~2500kg。
- **特性** 菊科多年生草本植物，作一年生蔬菜栽培。无性繁殖。以块茎供食。适应性广，耐寒性强，幼苗能耐1~2℃低温，块茎在−25℃低温下能安全越冬，茎叶生长适温20~25℃。较耐旱，不耐涝。对光照要求不很严格。对土壤要求也不严格，各种土壤均可种植。
- **品种推荐** 白菊芋、白皮菊芋、北京紫皮菊芋、红光一窝猴。

- 栽培要点

- 一般可在宅旁、墙边、地头等零散地种植，冬前刨收块茎后也无需重新播种，来年遗留的小块茎即可继续生长；

- 土地显干旱时要及时浇水，雨季要注意防涝；

- 生长中期，如植株生长很旺，可适当进行摘心；

- 秋季应注意及时摘除花蕾；

- 很少发生病虫害，一般不需要进行病虫害防治。

小提示 富含菊糖。除食用外，也可制成果糖或酒精。

甘露子

（草食蚕、螺蛳菜、宝塔菜）

栽种难易指数 ★ ☆ ☆ ☆

- **种植方式** 种块茎直播。
- **播种期** 4月初。春种秋收。
- **播种方式** 开沟穴播。
- **亩用种量** 25kg。
- **行株距** 50cm×（10~17）cm。
- **收获期** 10月上旬至来年萌芽前。
- **采收标准** 茎叶枯黄时。
- **亩产量** 1000kg左右。
- **特性** 唇形科多年生草本植

物，常作一年生蔬菜栽培。无性繁殖。以块茎供食。喜温和气候，不耐高温和霜冻，茎叶生长适温20~24℃，块茎生长要求较低温度。喜湿，不耐干旱和雨涝。对土壤质地要求不严，但以肥沃、湿润的砂质壤土种植为好。

- **品种推荐** 甘露儿、地蚕等。

- 栽培要点

- 按行距开7~8cm深的浅沟，灌水后，按株距每穴播栽1~2枚螺状茎，播后覆土，厚6~7cm。若土壤墒情好，也可干播；

- 出苗后至开花前酌情浇水，及时进行中耕除草和培土，保持土壤见干见湿；雨季注意排涝；

- 秋季应及时摘除花蕾，此后块茎迅速膨大，应注意加强肥水管理；

- 很少发生病虫害，一般不需进行防治。

小提示 块茎含碳水化合物、蛋白质等。甘露子性平，味甘。具有除风破血止痛、和五藏、下气清神等功效。

蕉芋
（蕉藕）

栽种难易指数★☆☆☆

- **种植方式** 种根茎直播。
- **播种期** 4月下旬。春种秋收。
- **播种方式** 开沟穴播。
- **亩用种量** 75kg左右。
- **行株距** 100cm见方或120cm×50cm。
- **收获期** 10月下旬至11月上旬。
- **采收标准** 初霜后植株枯萎时至土壤结冻前刨收。
- **亩产量** 2000kg左右。
- **特性** 美人蕉科多年生草本植物。无性繁殖。以块茎供食。喜高温，不耐霜冻，茎叶生长适温30℃左右，块茎肥大适温11~25℃。喜光。较耐旱，不耐涝。要求肥沃、土层深厚的土壤种植。
- **品种推荐** 蕉藕。
- **栽培要点**
- 选形状周正、大小适中，无霉烂、损伤，芽眼完好的块茎播栽；
- 蕉藕喜肥，生长期又长，应注意多施底肥；

- 蕉藕茎叶生长旺盛，需水需肥量大，尤其在块茎膨大期应经常浇水保持土壤湿润，并酌情进行追肥；雨季要注意及时排涝；
- 块茎贮藏适温3~5℃、一般不低于0℃；
- 较少发生病虫害，一般不进行病虫害防治。

小提示 富含淀粉。蕉芋性凉，味甘、淡。可清热利湿、解毒。

11 / 水生蔬菜

莲藕
（藕、莲、荷）

栽种难易指数 ★★★★★

- **种植方式** 种藕直播（栽）。
- **播种期** 4月。春种秋收。
- **播种方式** 平地开穴播栽。
- **亩用种量** 350kg左右。
- **行株距** （166~200）cm×66cm。
- **收获期** 7月至8月初采收果藕（嫩藕），9月中旬至来年春刨收老熟藕。
- **采收标准** 早期抽生的立叶开始枯黄时采收嫩藕；大部分立叶枯黄时采收老熟藕。
- **亩产量** 1000~3500kg。
- **特性** 睡莲科多年生宿根性水生草本植物。异花授粉。以肉质根状茎、种子供食。喜温暖气候，生长适温20~30℃。喜光，需充足光照，不耐阴。喜水（浅水或深水）。对土质要求不严，可在水田或池塘种植。
- **品种推荐** 鄂莲6、7号，飘花藕、8143等。
- **栽培要点**

- 水田至少应在播栽前15天进行耕翻，并应施足基肥，耙糖平整、加固田埂后放入浅水，使田间保持水深3~5cm；
- 播栽时应将种藕头部（顶芽）向下斜放于穴中，尾部（后把节）翘出水面，每穴交叉放2支种藕；
- 生长期一般都应保持15~20cm深的水位；
- 播栽抽叶以后，要及时除草，直至立叶基本封行为止，一般需进行2~3次；
- 注意及时进行追肥，前期在抽生少数立叶时以及2~3周后，可视苗情追施1或2次发秧肥，其后在田间开始出现终叶时，再重施一次追催藕肥；每次追肥前应尽量放干田水，然后施肥，以使肥料能更好的溶入土中，次日还水；
- 应注意防治腐败病、病毒病以及莲缢管蚜、斜纹夜蛾、食根金花虫等为害。

小提示 富含淀粉、糖和多酚化合物、蛋白质、维生素 C 等。莲藕性平，味甘、涩。具有交心肾、厚肠胃、固精气、强筋骨、补虚损、利耳目、除寒湿、止脾泄久痢、赤白浊等功效。

茭白
（茭瓜、茭笋）

栽种难易指数 ★★★★★

- **种植方式** 分蘖、分株播栽。
- **播种期** 3 月下旬萌发、4 月上旬播栽。春种夏秋收获。
- **播种方式** 平地开穴播栽。
- **亩用种量** 视不同情况而定，每穴需有萌蘖 5~6 株。
- **行株距** 73cm×73cm。
- **收获期** 7 月中旬至 9 月下旬。
- **采收标准** 肉质茎明显肥大，叶鞘被挤开，茭肉略露时采收。
- **亩产量** 1500~2000kg。
- **特性** 禾本科多年生宿根性水生草本植物。无性繁殖。以肉质嫩茎供食。喜温暖气候，不耐寒冷和高温，生长适温 15~30℃，最适 25~30℃，低于 10℃或高于 30℃ 不能正常孕茭。喜光，较大的昼夜温差和充足的光照有利于生长。喜浅水。最好在土层深厚，土壤有机质丰富的黏壤或壤土水田中种植。

- **品种推荐** 京茭 3 号、无锡早茭、武汉 8937 茭白、浙茭 911、中介茭等。

- **栽培要点**
- 分株栽植深度以与地面相平为宜；
- 生长期间灌水应掌握"浅—深—浅"的原则，萌芽期水深以 4~5cm 为宜，以后渐次加深，分蘖至孕茭期可加深到 10~15cm（一般不超过叶鞘与叶片交界处），孕茭后期可稍浅（3~5cm）；
- 分蘖前、孕茭前要注意分别进行追肥；采收要及时，否则肉质茎易老化或糠心；
- 10 月下旬可在齐地面处割去枯黄老叶就地越冬；
- 每 1~2 年应更新一次，要注意严格选种，淘汰不结茭的植株（俗称雄茭）；
- 要注意防治胡麻斑病、纹枯病、瘟病以及长绿飞虱、大螟、二化螟、稻管蓟马等为害。

小提示 富含蛋白质、多种氨基酸、脂肪、维生素 C 以及矿物盐等。茭白性冷、滑，味甘。具有去烦热、止渴、利二便、除目黄、止痢等功效。

慈姑

（茨菰、白地栗）

栽种难易指数 ★★★★★

- **种植方式** 多采用"芽嘴"育苗移栽。
- **播种期** 4月上旬。春种秋收。
- **播种方式** 平地浅水苗床撒播。
- **亩用种量** 据面积密度而定。
- **定植期** 5月中下旬。
- **定植方式** 平地栽植。
- **行 株 距** 66cm×33cm 或 50cm 见方。
- **收获期** 10月下旬至翌年春萌芽前。
- **采收标准** 茎叶大部分枯黄时采收。
- **亩产量** 1250kg左右。
- **特性** 泽泻科多年生宿根性草本植物，无性繁殖。作一年生蔬菜栽培。以球茎供食。喜温暖气候，不耐严寒，生长适温20~30℃，休眠期适温5~10℃。喜光。较大的昼夜温差、充足的光照和短日照有利于球茎的膨大。喜浅水。在水层浅和富含有机质的壤土或黏壤土中生长良好。

- **品种推荐** 无锡慈姑、宝应紫圆等。
- **栽培要点**
- 从种球上掰下顶芽（即"芽嘴"），在室内晾放1~2天后，插种于苗床中，株行距10cm见方，插深以只露芽尖为度。保持田中2~3cm浅水，待幼苗具有3~4片箭形叶时，即可以起苗定植；
- 定植后先灌浅水，此后可将水深保持在7~10cm，夏季气温升高，宜逐渐加深到13~20cm，后期再排浅到7~10cm，最后只保持土壤湿润，以利球茎成熟；
- 前期依据苗情可酌情追肥，当植株叶片抽生转慢，地下已具匍匐茎时，应及时进行一次重点追施，以促进球茎肥大；
- 生长期间要注意及时除草并摘除老叶；
- 应注意防治黑粉病、斑纹病以及莲缢管蚜、慈姑钻心虫等为害。

　　小提示 富含淀粉、蛋白质、维生素B和钙、磷、铁等矿物盐，还含有少量胆碱、甜菜碱等。慈姑性微寒，味苦。可治产后血闷衣包不下、蛇虫咬等。

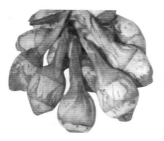

12 / 多年生蔬菜

芦笋

（石刁柏、龙须菜）

栽种难易指数 ★★★★★

- **种植方式** 育苗移栽。

- **播种期** 4 月上、中旬。春种、多年采收。

- **播种方式** 采用露地苗床、营养钵或穴盘播种育苗。

- **亩用种量** 子母苗：每亩 250g 左右（可供 7~10 亩地移栽用苗），分苗：30~40g/m²。

- **定植期** 来年 4 月上旬。

- **定植方式** 开沟穴栽。

- **行株距** 117cm×（33~50）cm。

- **收获期** 第三年春夏采收。

- **采收标准** 嫩茎高度达 20~30cm，鳞片之间开始拉开距离时采收绿芦笋。

- **亩产量** 200kg 左右。

- **特性** 百合科多年生宿根性草本植物。异花授粉。多用种子繁殖。以嫩茎供食。喜温和气候，较耐高温，生长适温 25~30℃，采笋期适温 15~17℃。喜光。能耐干燥空气，怕涝。最好在土层深厚、地下水位低、肥沃、疏松、透气良好的沙壤土和壤土中种植，对盐碱有较强的适应性。

- **品种推荐** 京绿芦 1 号、京紫芦 2 号、法国全雄、帝王、阿波罗，BJ98-2F1、鲁芦 1 号（原代号 88-5）、UC157 — F1、UC72、UC500、玛丽·华盛顿等。

- **栽培要点**

- 除采用种子繁殖外，小规模种植也可进行分株繁殖，于春天土壤化冻时、新芽萌发前起出老株，按每分株有 2~3 个芽瓣开，然后栽植，第二年采收；

- 育子母苗：育苗畦按 10cm 行距开横沟，深 2cm，每沟按 5~7cm 距离播一粒种子，随即覆 1cm 左右厚的土，然后充分浇水经常保持床土潮湿；

- 定植时每穴栽 3~6 株；追肥应以

地上茎形成为重点时期，而采收期一般不进行追肥，但一定要保持土壤有足够的水分；

• 雨后要注意排涝，及时进行中耕，保持土壤疏松；

• 入冬前地上茎枯萎时应注意及时进行清园，首先拔除病株、枯枝落叶，并搬离田间烧毁，然后再进行全面清理；

• 应注意防治茎枯病以及花蓟马、斜纹夜盗、甜菜夜蛾等为害。

小提示 除含有碳水化合物、蛋白质、维生素及矿物盐外，还含有较多的天门冬酰胺，天门冬氨酸及多种甾体皂甙物质。芦笋味苦，性凉。可养心安神、降压、除烦、消抑肿瘤。

黄花菜
（金针菜、萱草）

栽种难易指数★★☆☆

• **种植方式** 以分株栽植为主，也可用种子播种、育苗移栽。

• **播种期** 分株栽植于越冬后新苗萌发前进行。春种，多年采收。

• **播种方式** 平畦穴栽。一般每亩栽植1 600~2 000穴，每穴2~4单株。

• **行株距** 行距83cm，穴距

40~50cm。

• **收获期** 6—8月。

• **采收标准** 在花开前4小时内采摘花蕾并及时蒸制，干燥。

• **亩产量** 300~400kg（干花）。

• **特性** 百合科多年生宿根性草本植物。多为无性繁殖。以花蕾供食。对温度适应性广，地上部分不耐霜冻，地下部分能安全越冬；叶丛生长适温14~20℃，抽薹、开花要求20~25℃。喜中等光照。喜湿，抽薹时宜保持土壤湿润，盛花期需水量大。对土壤适应性很广，平地、岗丘、沟边、渠旁都可种植。

• **品种推荐** 黄花菜、湖南荆州花、甘肃庆阳线黄花菜等。

• **栽培要点**

• 早春于土壤化冻后、苗株萌发前，在株丛一侧挖出三分之一的老苑（或将老苑完全挖出），将短缩茎分割成单株，剪去衰老的根和块状肉质根，并将条状根剪短留

5~7cm，即可栽植；

• 春季出苗前、花薹高 20~30cm 时以及花蕾采收 10 天后要分别注意加强田间管理，及时进行追肥、浇水；

• 黄花菜收获期较长，一般可持续一个多月，要注意每天进行采摘；

• 栽植后一般在第 4 年进入盛产期，到第 7~8 年达到产量高峰，通常可维持 10~15 年，此后应及时进行更新，重新进行分兜栽植；

• 要注意防治叶斑病、锈病、叶枯病、白绢病以及红蜘蛛和蚜虫等为害。

小提示　含有碳水化合物、蛋白质、抗坏血酸、胡萝卜素以及钙、磷、铁等矿物盐。黄花菜性凉，味甘。可除湿、宽胸、利尿、止血、通络、下乳。

百合
（夜合）

栽种难易指数★★★★

• **种植方式**　采用鳞茎或鳞瓣直播。

• **播种期**　3 月中下旬。春种。

• **播种方式**　平畦或起垄播栽。

• **亩用种量**　200kg 左右。

• **行株距**　40cm×（17~20）cm。

• **收获期**　土壤结冻前或早春土壤化冻时，新芽萌发前收获。

• **采收标准**　地上部茎、叶枯死、鳞茎充分成熟后采收。

• **亩产量**　1000~2000kg。

• **特性**　百合科多年生宿根性草本植物。多为无性繁殖。以鳞茎供食。对温度适应性较广，鳞茎在 −8℃的冻土层中能安全越冬，地上部茎叶生长适宜月均气温13~24℃。喜光，稍有遮荫也可生长。忌淹水。最好在疏松、通气和排水良好的砂质壤土、粉砂质壤土上种植。

• **品种推荐**　兰州百合、万载百合等。

• **栽培要点**

• 应选择鳞片洁白、肥厚，抱合紧密，只有 1 个鳞芽，无病虫害，大小均匀，单重25g 左右的鳞茎用作种球；

• 按行距开深 15cm 左右的浅沟，

将种球播栽于穴中，使顶芽垂直向上，将根部压实，然后覆土；

- 进入第 2~3 年后，每年于早春出苗前撒施农家肥，出苗后，将肥料锄入土中；苗高 7~10cm 时，再追施腐熟饼肥，撒于行间，随即进行中耕培土；农家肥不足的也可适当追施氮磷钾三元复合肥；

- 为促进鳞茎膨大，应尽早摘除花蕾（在花茎伸出顶端 1~2cm 时）与"珠芽"；

- 注意土壤结冻前要适时浇一次冻水，早春要注意浇返青水，进入雨季后要及时排水，防田间渍涝；

- 应注意防治病毒病、灰霉病、基腐病以及蚜虫、红蜘蛛、蛴螬、金针虫、蝼蛄、根蛆等为害。

　　小提示　鳞茎含淀粉、糖、蛋白质、脂肪、维生素 B$_1$、维生素 B$_2$ 及磷、钙等矿物盐。百合性平，味甘。具有消肿、补中益气、温肺止咳等功效。

香椿
（红椿）

栽种难易指数 ★★☆☆

- **种植方式**　用种子播种育苗移栽或根蘖苗栽植。

- **播种期**　3 月上旬。春种，种植一次多年采收。

- **播种方式**　在温室、塑料棚中采用苗床或营养钵播种育苗。

- **用种量**　育苗畦每亩 1.5~2kg。

- **定植期**　翌年 3 月下旬 5 月上旬。

- **定植方式**　沟栽、平地散栽或平畦栽植。

- **行株距**　育苗移栽培育一年生苗木因为平畦（50~75）cm×（20~26）cm；田边或路边单行栽植时株距 1.5~3.0m 或 5~7m；散生栽植时株距 3~5 m。

- **收获期**　4 月中下旬至 5 月上旬。

- **采收标准**　椿芽长 8~12cm，有幼叶 2~3 片时及时采收；

- **亩产量**　依具体种植情况定。

- **特性**　楝科多年生落叶乔木。用种子繁殖，也可进行无性繁殖。以芽、幼苗供食。喜温暖，早春日平均气温 11~13℃时抽生新芽。喜湿润，但不耐涝。对土壤的适应性较广。

- **品种推荐**　红香椿、绿香椿、红油椿等。

- 栽培要点
- 种子寿命短，注意切勿采用陈旧种子；
- 用种子播种育苗：种子先进行浸种，24 小时后捞出，在 25℃左右温度下催芽，待大部分种子露白时播种；多采用条播，于整地后作 1m 宽的畦床，每畦播 4 行，行距 20cm，每行播幅宽 10cm；
- 根蘖育苗：早春在大树树冠下从主干 50cm 处向外挖几条辐射状沟，截断沟中的根，然后在挖出的土壤中稍施肥料，再回填于沟内，6–7 月以后树下将陆续长出若干根蘖苗；
- 苗木定植时栽植深度以埋没主干原来土痕 2cm 左右为好；栽后要浇透水，水渗下后最好上面再覆一层土；
- 要注意防治锈病、白粉病以及金龟子、盗毒蛾、刺蛾等为害。

小提示　具特殊的芳香味。富含蛋白质，维生素 C、A 及钙、钾等矿物盐。香椿性平，味甘。具有健胃理气、治赤白痢、清热解毒、杀虫等功效。

枸杞

（枸杞菜、枸杞头）

栽种难易指数 ★★★☆

- 种植方式　种子播种或枝条扦插育苗移栽。
- 播种或扦插期　种子播种 4 月中旬，枝条扦插 3 月。春种，多年采收。
- 播种扦插方式　种子采用露地苗床、营养钵或穴盘播种育苗。枝条在温室、塑料棚中采用苗床营养钵或穴盘扦插育苗。
- 用种量　据面积大小酌量使用。
- 定植期　4 月下旬。
- 定植方式　平畦栽植。
- 行株距　33cm×（17~20）cm。
- 收获期　翌年 4 月上旬始收。
- 采收标准　新梢长 20~30cm 时采摘 8~15cm 长的幼梢。
- 亩产量　500~750kg。
- 特性　茄科多年生落叶灌木。自花授粉。多采用枝条扦插或分株繁殖。以嫩茎、叶，果实供食。喜温暖气候、不耐炎热，生长适温 15~25℃。在年平均气温 5~26℃，日

照时数 2 600 小时以上地区，均能良好地生长。适宜土壤含水量为 18%~22%。对土壤适应性较强，在沙壤土、轻壤、中壤或黏土上均可正常生长。较耐盐碱。

- **品种推荐** 宁夏宁杞菜 1 号、广东大叶枸杞、野生枸杞。

- **栽培要点**

- 最好选择专供菜用的大叶品种；

- 扦插育苗可取一年生枝条截成 15cm 长的插条，用 100~150mg/L 萘乙酸 (NAA) 水溶液浸泡其下端（5cm 左右），3 小时后扦插；也可先在清水中浸泡，待发根后再扦插；

- 开始收获后一般每 7~8 天采摘 1 次；

- 进入夏季，枸杞生长逐渐缓慢，应停止采收，并进行 1 次缩剪，以避免第二年植株过于拥挤；此后应注意加强肥水管理、养好枝条，使植株能安全越夏；

- 一般可保持连续收获 20 年左右；

- 要注意防治根腐病、白粉病等以及蚜虫、木虱、负泥虫等为害。

小提示 嫩茎叶含多种维生素和氨基酸。枸杞性寒，味苦。具有除烦益志、补五劳七伤、消热益阳、明目安神等功效。

菊花脑

（菊花叶、菊花菜）

栽种难易指数 ★ ☆ ☆ ☆

- **种植方式** 用种子播种育苗移栽或分株栽植。

- **播种期** 3 月上旬。春种，多年采收。

- **播种方式** 在温室、塑料棚中采用苗床或营养钵或穴盘播种育苗。

- **亩用种量** 500g 左右。

- **定植期** 分株栽植 3 月上中旬，育苗移栽 4 月中旬。

- **定植方式** 平畦栽植。

- **行株距** 穴距约 20cm 见方，每穴栽 3~5 株，分株栽植可适当扩大穴距。

- **收获期** 当年 5 月上旬始收。

- **采收标准** 苗高 15~20cm 时开始采收嫩梢。

- **亩产量** 每次 250kg 左右。

- **特性** 菊科多年生宿根性草本植

物。以种子或分株繁殖。以嫩茎叶供食。喜冷凉气候，较耐寒，也较耐热，幼苗生长适温 12~20℃，成株生长适温 18~22℃。耐干旱，怕涝。对土壤要求不高，较耐贫瘠。

- **品种推荐** 大叶菊花脑。
- **栽培要点**
- 品种最好采用大叶（板叶）菊花脑；
- 分株栽植应在早春土壤化冻后刨出根株，按根株大小掰成多份，然后栽植；
- 始收后每隔 7~14 天采收 1 次，一般春季可收 3 次，秋季收 2 次，直至 9-10 月现蕾开花时止；收获时要注意适当保留基部嫩芽，以保证持续采收；
- 收获后应注意适当进行浇水、追肥；
- 一般 3~5 年更新一次，刨出老株后重新分栽；
- 为提早上市，早春可用小拱棚覆盖；
- 抗逆性强，很少发生病虫害。

小提示 具有特殊的清香味。富含蛋白质、维生素 A 和钾等矿物盐。菊花脑性凉，味甘、辛。具疏风散热，平肝明目，清热解毒等功效。

马兰头
（马兰、马兰菊）

栽种难易指数 ★ ☆ ☆ ☆

- **种植方式** 用种子播种育苗移栽或分株栽植。
- **播种期** 3 月上旬。春种，多年采收。
- **播种方式** 在温室、塑料棚中采用苗床或营养钵或穴盘播种育苗。
- **亩用种量** 500~750g。
- **定植期** 分株栽植 3 月上中旬；育苗移栽 4 月中旬。
- **定植方式** 平畦沟栽。
- **行株距** （20~30）cm × 10cm。
- **收获期** 4 月下旬或 5 月上旬始收。
- **采收标准** 苗高 10~12cm 时，

采收嫩梢。

- **亩产量** 每次 200~250kg。

- **特性** 菊科多年生宿根性草本植物。自花授粉。用种子或分株繁殖。以嫩茎叶供食。喜冷凉、湿润气候，抗寒、耐热，地下根状匍匐茎能耐 −7℃以下低温，生长适温15~25℃。喜充足日照。喜湿，但耐旱。对土壤要求不严。

- **品种推荐** 马兰头。

- **栽培要点**

- 大面积生产多采用种子繁殖，但分株繁殖生长更快速；

- 分株栽植时可将植株的地下根状茎挖起，然后切成茎段（茎段上有芽）即可种植；

- 若不准备留种，在夏秋季植株抽薹开花时，需将花枝剪去；

- 采收嫩梢时注意需留下 3~4 片叶，以利继续萌枝，持续收获；

- 为提早上市，早春可用小拱棚覆盖。

- 马兰抗逆性强，很少有病虫为害。

　　小提示 具有特殊的清香味。富含维生素 C、胡萝卜素以及钾、钙等矿物盐。马兰性平，味辛。具清热解毒，凉血、止血，利尿、消肿等功效。

草莓
（凤梨莓、菠萝草莓）

　栽种难易指数 ★★★★★

- **种植方式** 多采用匍匐茎繁殖或分株繁殖，也可采用种子播种育苗移栽。

- **播种期** 种子播种 4 月下旬。春种，一次种植多年采收。

- **播种方式** 在露地采用苗床或营养钵播种育苗。

- **亩用种量** 据面积大小酌定。

- **定植期** 7−10 月。

- **定植方式** 平畦栽植或垄栽。

- **行株距** 平畦栽植 30cm×20cm，垄栽 25cm（双行）×15cm。

- **收获期** 4—6 月。

- **采收标准** 果实充分着色后采收。

- **亩产量** 1500~2500kg。

- **特性** 蔷薇科多年生草本植物。用匍匐茎、分株、种子繁殖。以果

实供食。喜温和气候，抗寒，不耐热，根茎能耐 -10℃ 的低温，生长适温 15~25℃，匍匐茎发生适温 20~30℃。光照过强、高温不利于植株生长发育。不耐旱。喜肥沃、富含有机质、保水、排水、通气良好的土壤。

• **品种推荐** 红颊、丰香、草莓王子、荷兰大草莓等。

• **栽培要点**

• 匍匐茎繁殖：在果实采收后，将健壮母株栽到育苗畦，保持（80~100）cm×（30~50）cm 行株距。母株匍匐茎发生后将茎蔓引向空隙处，随即在蔓节处培土，使蔓节发根萌芽，至小苗长至 2~4 片叶，在距苗两侧 2~3cm 处断茎，即获得新苗；露地栽培宜选用匍匐茎少、冬季休眠深的大果型品种；

• 一般可作畦宽 1.3m，埂宽 25~30cm 的平畦或垄高 25cm，垄面宽 50cm、底宽 70cm，垄沟宽 30cm 的高垄作为栽培畦；

• 6 月下旬以后，匍匐茎大量发生，需及时摘除多余的匍匐茎，约每 20 天进行 1 次，共 3~4 次；

• 注意及时疏花疏果，从花蕾期即开始进行，一般每株只保留 2~3 个侧花枝，此后每花枝保留 3~5 个果；

• 入秋，新的根状茎大量发生之前，可结合中耕施肥及时对植株茎基部进行培土；

• 应注意防治灰霉病、白粉病、芽枯病、病毒病、线虫以及螨类、蓟马、斜纹夜蛾、蚜虫、蝼蛄、地老虎、金针虫等为害。

- - - - - - - - - - - - - -

小提示 果实富含有机酸、维生素 C、果胶等。草莓性平，味甘。具健胃利气、活血润肺、解毒、利尿、醒酒等功效。

- - - - - - - - - - - - - -

13 / 香草类蔬菜

罗勒
（九层塔、零陵香）

栽种难易指数 ★★☆☆

- **种植方式** 种子直播。
- **播种期** 4月中下旬。春种。
- **播种方式** 露地平畦条播或撒播。
- **用种量** 每6~8m²用种100~150g。
- **行株距** 3~7cm见方。
- **收获期** 5月中下旬至8月。
- **采收标准** 苗高6~7cm时开始间拔幼苗，茎高20cm以上时开始采摘幼嫩茎叶。
- **亩产量** 1000kg。
- **特性** 唇形科二年生草本植物。用种子、枝条扦插繁殖。以嫩茎叶供食。喜温暖气候，耐热性强，高温下生长迅速，但不耐寒。喜光，属短日照作物。耐干旱、不耐涝。对土壤要求不严，但最好在排水良好，富含腐植质的沙质壤土上种植。
- **品种推荐** 甜罗勒、丁香罗勒、皱叶罗勒、紫罗勒等。
- **栽培要点**
- 除采用种子直播外，也可进行育苗移栽，苗高8cm左右时定植；
- 以收获嫩苗为食的，在无霜期内均可进行露地直播；以采收嫩茎叶为食的，主要在春季播种；
- 较少发生病虫害，易于栽培。

　　小提示 含有丁香油酚等挥发性芳香油以及天然樟素等，富含维生素A及钾、钙等矿物盐。罗勒性辛、温。具调中消食、去恶气、消水气、疗龈腐等功效。

薄荷
（苏薄荷、蕃荷菜）

栽种难易指数 ★ ☆ ☆ ☆

- **种植方式** 多采用分株移栽，也可用种子直播。
- **播种期** 3 月下旬至 4 月上旬。春种，多年采收。
- **播种方式** 直播采用平畦条播。
- **亩用种量** 需母株 200kg 左右。
- **定植期** 4 月中下旬。
- **定植方式** 平畦栽植。
- **行株距** 50cm×35cm。
- **收获期** 常年 4 月下旬至 5 月初开始收获。
- **采收标准** 主茎高达 20cm 左右时即可开始采摘嫩梢。
- **亩产量** 据不同采收方式而异。
- **特性** 唇形科多年生宿根性草本植物。异花授粉。用分株或种子繁殖。以嫩茎、叶供食。喜温暖气候，耐热，不耐寒，生长适温 20~30℃。喜湿，不耐涝。较耐阴。对土壤适应性广，但以选择肥沃的沙质壤土或冲积土种植为好。
- **品种推荐** 家薄荷、野薄荷、绿薄荷、留兰香、皱叶薄荷等。
- **栽培要点**
- 用种子播种育苗，当幼苗长有 3~4 片真叶时即可定植；

- 也可进行根茎繁殖，将地下新根茎挖起，切成长约 10cm 的小段即可栽植；
- 进入采收期后，温暖季节 15~20 天采收 1 次；冷凉季节 30~40 天采收 1 次；
- 要注意防治锈病、白粉病以及小地老虎、蚜虫、红蜘蛛等为害。

小提示 因富含薄荷油、薄荷霜等而具芳香味。薄荷性凉，味辛。具清头目、除风热、止血、静惊等功效。

紫苏
（赤苏、白苏）

栽种难易指数 ★ ★ ☆ ☆

- **种植方式** 育苗移栽或种子直播。
- **播种期** 春种。育苗移栽 3 月下旬至 4 月上旬，直播 4 月中下旬。

• **播种方式** 育苗移栽在温室、塑料棚中采用苗床或营养钵或穴盘播种育苗；直播采用平畦条播。

• **亩用种量** 200g；每平方米苗床播 10~14g，可移栽 10~12m² 面积。

• **定植期** 4 月下旬至 5 月上旬。

• **定植方式** 平畦栽植。

• **行株距** 20cm×15cm。

• **收获期** 6—9 月。

• **采收标准** 当第 5 叶节叶片达到宽 12cm 以上时，即可开始采摘叶片，每次采摘 2 对叶片。

• **亩产量** 160~200kg。

• **特性** 唇形科一年生草本植物。用种子繁殖。以叶片、幼苗和花穗供食。喜温暖、湿润气候，苗期可耐 1~2℃ 的低温，开花期适温 26~28℃。属短日照作物，较耐

阴。不耐干旱，不耐渍涝。对土壤适应性较广，但最好在疏松肥沃、排水良好的土壤中种植，排水不良将严重影响产量和品质。

• **品种推荐** 尖叶紫苏、皱叶紫苏或白苏。

• **栽培要点**

• 除以采收叶片为产品外，还有以采收幼苗和花穗为产品的芽紫苏和穗紫苏；

• 新采收的种子不发芽，因为有很长的休眠期，有的可长达 120 天，故一般不用新种子；

• 直播紫苏在苗高 6~10cm 需时间苗，留株距 15cm 左右；

• 为促进植株健壮生长，应将茎部 4 叶节以下的叶片和枝杈全部摘除，开始收获后应每隔 3~5 天采收一次，并将上部叶节上发生的侧芽摘去；

• 要注意防治褐斑病、锈病以及青虫、蚜虫、浮尘子、斜纹夜盗虫等为害。

小提示 含紫苏醛、紫苏醇等挥发油、具芳香；富含低糖，维生素 A、B、C 和矿物盐等；紫苏性辛、温。具有解肌发表、散风寒、行气宽中、消痰利肺和血温中、止疼、解鱼蟹毒等功效。

14 / 杂类蔬菜

黄秋葵

（羊角豆）

栽种难易指数 ★ ★ ☆ ☆

- **种植方式** 种子直播或育苗移栽。
- **播种期** 直播 4 月中下旬，育苗移栽 3 月下旬。春种。
- **播种方式** 直播采用平畦条播或穴播；育苗移栽在温室、塑料大棚采用苗床、营养钵播种育苗。
- **亩用种量** 直播 660g，育苗移栽 200g。
- **定植期** 4 月下旬。
- **定植方式** 平畦栽植。
- **行株距** （50~70）cm×（30~40）cm。
- **收获期** 6 月上旬至 10 月上旬。
- **采收标准** 荚果长至 7~10cm 时采收。
- **亩产量** 1200~1500kg。
- **特性** 锦葵科一年生草本植物。用种子繁殖。以嫩果荚供食。喜温暖气候，不耐寒，生育适温 25~30℃，开花结果适温 26~28℃。喜光。耐旱，不抗涝。对土壤要求不严，但最好在肥沃、疏松、排水

良好的壤土或砂壤土上种植。
- **品种推荐** 清福、五福、五龙 1 号，红果黄秋葵。
- **栽培要点**
- 直播前最好先进行浸种催芽，浸种 12 小时后，放在 25~30℃处催芽，待约有 70% 种子露白时播种；
- 整地后开播种沟（穴），深 3~4cm，湿播，先浇水后点籽，穴播每穴播 2~3 粒种子，覆土约 2cm 厚；长有 1 片真叶和 2~3 片真叶时分别间一次苗，待第 3~4 片真叶展开时定苗；
- 播种育苗时在苗床按 10cm 株行距或在直径 10cm 的营养钵内点播；苗龄 30 天左右，幼苗长有 2~3 片真叶时定植；
- 注意要及时进行中耕除草，于封垄前进行最后 1 次中耕并结合进行培土；果荚收获期应注意加强浇水追肥；
- 应注意防治疫病、白粉病、花叶病毒病以及蚜虫、红蜘蛛、叶

蝉、螟虫、夜盗虫、飞虱、青虫等为害。

小提示 嫩荚含果胶、半乳聚糖、阿拉伯树胶等，富含维生素A、C、B$_1$、B$_2$，纤维素、蛋白质以及钙、铁、磷等矿物盐。种子、花、根均可入药，对恶疮、痈疖有疗效。

菜用玉米

（玉笋、笋玉米、糯玉米、甜玉米）

栽种难易指数 ★★☆☆

- **种植方式** 种子直播。
- **播种期** 春种或夏种。春种4月中下旬，夏、秋6、7月种。
- **播种方式** 露地平畦或起垄穴播或条播。
- **亩用种量** 1300g左右。
- **行株距** （50~70）cm×30cm。
- **收获期** 7月或8月下旬至9月。
- **采收标准** 笋玉米应在出花丝（花柱）的当天采收嫩果穗；甜、糯玉米应在花丝转紫褐色、籽粒饱满、且已乳熟时采收。
- **亩产量** 1000kg左右或100~150kg（笋玉米）。
- **特性** 禾本科一年生草本植物。异花授粉。用种子繁殖。以嫩籽粒、果穗供食。喜温暖气候，茎叶生长适温20~24℃，开花结果适温25~28℃，灌浆成熟适温20~24℃。喜光，属短日照作物。喜湿。对土质要求不十分严格，但对肥水条件要求较高，不耐盐碱。

- **品种推荐** 烟单5号、中糯2号（糯玉米），台湾蜜珍2号、楚雄甜苞谷、浙甜1号、（甜玉米），冀特3号、烟罐6号、鲁笋玉1号、烟笋玉1号等（笋玉米）等。

- **栽培要点**
- 穴播每穴播3粒种子，条播要求均匀播种。覆土约2cm厚；
- 待幼苗长有3片叶时，间1次苗，每穴留2株；长有6片叶时进行定苗；
- 幼苗出土后应多中耕保墒，拔节前后要及时培土；
- 追肥一般可在拔节前，抽穗前及灌浆前分别进行；
- 开花授粉时要保证充足的水分供应，多雨季节要注意排涝；
- 要注意防治大斑病、小斑病、丝

黑穗病、黑粉病等以及亚洲玉米
螟、黏虫等为害。

小提示　富含可溶性碳水化
合物（糊精）、脂肪、维生素A、
蛋白质。玉米性平，味甘。可调
中开胃、降血脂，玉米花丝有利
尿清热等功效。

花生
（落花生、花生果、长生果）

栽种难易指数 ★★★☆

• 种植方式　种子直播。

• 播种期　春播。4月下旬至5
月初。

• 播种方式　露地起垄穴播。

• 亩用种量　荚果20kg左右。

• 行株距　45cm×（13~19）cm
（视品种熟性而定）。

• 收获期　8月下旬至9月。

• 采收标准　植株上部变黄，多数
荚果网纹清楚，籽粒饱满时刨收。

• 亩产量　250~300kg。

• 特性　豆科一年生草本植物。自
花授粉。用种子繁殖。以种子
供食。喜温暖气候。茎叶生长温
度15~31℃，开花适温25~28℃，
结荚期要求结荚层土壤温度在
18~30℃。要求充足的光照。较耐
旱、不耐涝。需要土层疏松、肥沃
的土壤条件。通气良好的沙质壤土
有利于根系发育和根瘤形成。

• 品种推荐　鲁花系列品种、白沙
1016等。

• 栽培要点

• 播种前花生应带壳晒2~3天，剥
壳后选籽粒饱满、色泽好、大而整
齐、无损伤的种仁作种；

• 花生生长前期根瘤数量少、中后
期果针已扎入土中，都不宜追肥，
因此一定要注意施足底肥；

• 穴播每穴播2粒种子，播深
3~4cm；

• 苗期团棵前后要注意及时进行中
耕除草，清棵蹲苗；

• 花生耐旱、怕涝，但进入开花结
荚期后要充分供水，雨后一定要注
意排涝；

• 应注意防治病毒病、叶斑病、茎
腐病、锈病以及蚜虫、棉铃虫等
为害。

小提示　富含脂肪、蛋白质和各种氨基酸，还含有维生素 K、E、C 以及硒等微量元素。花生性平，味甘。具有健脾和胃、利肾去水、理气通乳、治诸血症等功效。

向日葵
（葵花、朝阳花、向阳花、太阳花）

栽种难易指数 ★★☆☆

- **种植方式**　种子直播。
- **播种期**　4 月中下旬。春种。
- **播种方式**　露地平畦穴播。
- **亩用种量**　1.5kg 左右。
- **行株距**　50cm×（40~50）cm。
- **收获期**　8 月。
- **采收标准**　茎秆变黄、花盘背面发黄、舌状花冠脱落、籽粒变硬表面显现品种本色时采收。
- **亩产量**　300kg 左右。
- **特性**　菊科一年生草本植物。异株异花授粉。用种子繁殖。以果实供食。喜温暖气候，但较耐低温，发芽适温 31~37℃。喜光。耐旱、耐盐碱、耐瘠薄，对土壤要求不严，一般土地均能种植。
- **品种推荐**　辽葵杂 2 号、辽葵 4 号，龙葵杂 2 号、黑三道眉、白三道眉等。

- **栽培要点**
- 一般宜选用食用品种，不选油用品种；播前要对种子进行 2~3 天的晒种；
- 多采用穴播，每穴播种子 2 粒，覆土约 5cm 厚；
- 缺苗补栽宜早不宜迟，应在幼苗第一对真叶展开时进行；幼苗长有 2 对真叶时定苗，每穴选留一棵健壮幼苗；
- 注意及时进行中耕除草，及时打叉；
- 要注意防治褐斑病、菌核病、锈病、黑斑病以及地下害虫、螟虫等为害。

小提示　富含脂肪、蛋白质、糖、维生素 E 以及钙、磷、铁等矿物盐。向日葵油含有亚麻油二烯酸和高达 70% 不饱和脂肪酸，有助于降低血压和胆固醇。向日葵性平味甘。具有驱虫止痢等功效。